T0162109

Simply Board Feet

Douglas E. Maxwell

Linden Publishing
Fresno, CA

SIMPLY BOARD FEET
The Definitive Guide to Lumber Calculation

By

Douglas E. Maxwell

135798642

Cover design by James Goold

ISBN: 1-933502-04-5
ISBN-13: 978-1-933502-04-5

Printed in U.S.

Linden Publishing Inc.
2006 S. Mary
Fresno CA
www.lindenpub.com
800-345-4447

Introduction

The lumber industry is a very complex business dealing in the manufacturing and distribution of raw lumber. Raw lumber is exactly that, raw. Raw, or rough, lumber is material that has not been milled to width or thickness. Anyone who has access to a thickness planer can save a considerable amount of money by purchasing lumber in this rough form. For example, if you go to your local home improvement warehouse and purchase a piece of red oak that is ¾ inch thick, 8 inches wide and 10 feet long, you will have to shell out somewhere around $45.00. If you purchased a piece of raw lumber from a local lumber distributor to yield the same board, the cost to you will be around $2.20 a board foot for a piece of 4/4 red oak, or just $14.74. A difference of over $30.00 for one board, imagine if you needed ten, twenty, or fifty. That's quite a savings!

Okay now that we realize the savings, how do we convert lineal feet into board feet? Let's start with what is a lineal foot? A lineal foot is twelve inches long regardless of its width or thickness. You pay a fixed price for the material based on it's length, width, and thickness. The longer, wider or thicker the board, the more money you are going to pay. Remember the 10-foot piece of red oak we bought at the home improvement warehouse? That piece of red oak cost $4.50 a lineal foot. A board foot is also twelve inches long. However, it is twelve inches wide and one inch thick. A piece of wood twelve inches long, twelve inches wide and two inches thick would be two board feet. Sounds easy enough, right? What if the board was seven inches wide, one and one quarter inches thick (5/4), and nine feet long? How many board feet would that be? It would be 6.6 board feet. Can you figure it out? Well, here's a little secret, you don't have too! Simply turn to 5/4 materials on page 12 of *Simply Board Feet*, go to the nine feet long column, run your finger down to seven inches wide, and bam! There it is, 6.6 board feet.

Simply Board Feet

So how can this help me?

As a purchasing manager for a large production company I have spent countless hours logging stock inventory in our facility. In order to accurately be compensated for the material I would have to individually measure, label, calculate and record every board that came in the door. Even with a board foot calculator this was a long and tedious job and it inspired me to create this manual. Now I still measure the lumber to get length and width, but instead of having to calculate, I simply turn a page and cut my time in half.

By tagging each piece of material I can easily record the now billable material on a used stock log and I can accurately transfer the cost to the customer. This alone has saved countless dollars in under-recorded billable material.

Master craftsman, laborers, and hobbyists can also greatly benefit. Use *Simply Board Feet* to quickly and effortlessly figure out material requirements from a cut list. Keep track of your material for billing purposes, and most of all, save money! *Simply Board Feet* is easy to use, convenient and a must for anyone and everyone in the woodworking industry.

Gross tally vs. Net tally. When lumber companies quote a board foot price, most of the time they are quoting green or **Gross** figures. When you receive the material it is no longer green but dried, this is called **Net tally**. Net tally is about 8% less than gross. Unfortunately, they charge you for the gross.

Contents

5/4 material (Thickness row)									
11 FEET LONG		12 FEET LONG		13 FEET LONG		14 FEET LONG		15 FEET LONG	
wdth "	BF	wdth "	BF	wdth "	BF	wdth "	BF	wdth "	BF
11.5	13.2	11.5	14.4	11.5	15.6	11.5	16.8	11.5	18.0

Board foot calculations

4/4 material

1 FOOT LONG		2 FEET LONG		3 FEET LONG		4 FEET LONG		5 FEET LONG	
wdth "	BF	wdth "	BF	wdth "	BF	wdth "	BF	wdth "	BF
1.0	0.1	1.0	0.2	1.0	0.3	1.0	0.3	1.0	0.4
1.5	0.1	1.5	0.3	1.5	0.4	1.5	0.5	1.5	0.6
2.0	0.2	2.0	0.3	2.0	0.5	2.0	0.7	2.0	0.8
2.5	0.2	2.5	0.4	2.5	0.6	2.5	0.8	2.5	1.0
3.0	0.3	3.0	0.5	3.0	0.8	3.0	1.0	3.0	1.3
3.5	0.3	3.5	0.6	3.5	0.9	3.5	1.2	3.5	1.5
4.0	0.3	4.0	0.7	4.0	1.0	4.0	1.3	4.0	1.7
4.5	0.4	4.5	0.8	4.5	1.1	4.5	1.5	4.5	1.9
5.0	0.4	5.0	0.8	5.0	1.3	5.0	1.7	5.0	2.1
5.5	0.5	5.5	0.9	5.5	1.4	5.5	1.8	5.5	2.3
6.0	0.5	6.0	1.0	6.0	1.5	6.0	2.0	6.0	2.5
6.5	0.5	6.5	1.1	6.5	1.6	6.5	2.2	6.5	2.7
7.0	0.6	7.0	1.2	7.0	1.8	7.0	2.3	7.0	2.9
7.5	0.6	7.5	1.3	7.5	1.9	7.5	2.5	7.5	3.1
8.0	0.7	8.0	1.3	8.0	2.0	8.0	2.7	8.0	3.3
8.5	0.7	8.5	1.4	8.5	2.1	8.5	2.8	8.5	3.5
9.0	0.8	9.0	1.5	9.0	2.3	9.0	3.0	9.0	3.8
9.5	0.8	9.5	1.6	9.5	2.4	9.5	3.2	9.5	4.0
10.0	0.8	10.0	1.7	10.0	2.5	10.0	3.3	10.0	4.2
10.5	0.9	10.5	1.8	10.5	2.6	10.5	3.5	10.5	4.4
11.0	0.9	11.0	1.8	11.0	2.8	11.0	3.7	11.0	4.6
11.5	1.0	11.5	1.9	11.5	2.9	11.5	3.8	11.5	4.8
12.0	1.0	12.0	2.0	12.0	3.0	12.0	4.0	12.0	5.0
12.5	1.0	12.5	2.1	12.5	3.1	12.5	4.2	12.5	5.2
13.0	1.1	13.0	2.2	13.0	3.3	13.0	4.3	13.0	5.4

Board foot calculations

4/4 material

1 FOOT LONG		2 FEET LONG		3 FEET LONG		4 FEET LONG		5 FEET LONG	
wdth "	BF	wdth "	BF	wdth "	BF	wdth "	BF	wdth "	BF
13.5	1.1	13.5	2.3	13.5	3.4	13.5	4.5	13.5	5.6
14.0	1.2	14.0	2.3	14.0	3.5	14.0	4.7	14.0	5.8
14.5	1.2	14.5	2.4	14.5	3.6	14.5	4.8	14.5	6.0
15.0	1.3	15.0	2.5	15.0	3.8	15.0	5.0	15.0	6.3
15.5	1.3	15.5	2.6	15.5	3.9	15.5	5.2	15.5	6.5
16.0	1.3	16.0	2.7	16.0	4.0	16.0	5.3	16.0	6.7
16.5	1.4	16.5	2.8	16.5	4.1	16.5	5.5	16.5	6.9
17.0	1.4	17.0	2.8	17.0	4.3	17.0	5.7	17.0	7.1
17.5	1.5	17.5	2.9	17.5	4.4	17.5	5.8	17.5	7.3
18.0	1.5	18.0	3.0	18.0	4.5	18.0	6.0	18.0	7.5
18.5	1.5	18.5	3.1	18.5	4.6	18.5	6.2	18.5	7.7
19.0	1.6	19.0	3.2	19.0	4.8	19.0	6.3	19.0	7.9
19.5	1.6	19.5	3.3	19.5	4.9	19.5	6.5	19.5	8.1
20.0	1.7	20.0	3.3	20.0	5.0	20.0	6.7	20.0	8.3
20.5	1.7	20.5	3.4	20.5	5.1	20.5	6.8	20.5	8.5
21.0	1.8	21.0	3.5	21.0	5.3	21.0	7.0	21.0	8.8
21.5	1.8	21.5	3.6	21.5	5.4	21.5	7.2	21.5	9.0
22.0	1.8	22.0	3.7	22.0	5.5	22.0	7.3	22.0	9.2
22.5	1.9	22.5	3.8	22.5	5.6	22.5	7.5	22.5	9.4
23.0	1.9	23.0	3.8	23.0	5.8	23.0	7.7	23.0	9.6
23.5	2.0	23.5	3.9	23.5	5.9	23.5	7.8	23.5	9.8
24.0	2.0	24.0	4.0	24.0	6.0	24.0	8.0	24.0	10.0
24.5	2.0	24.5	4.1	24.5	6.1	24.5	8.2	24.5	10.2
25.0	2.1	25.0	4.2	25.0	6.3	25.0	8.3	25.0	10.4
25.5	2.1	25.5	4.3	25.5	6.4	25.5	8.5	25.5	10.6

Board foot calculations

4/4 material

6 FEET LONG		7 FEET LONG		8 FEET LONG		9 FEET LONG		10 FEET LONG	
wdth "	BF	wdth "	BF	wdth "	BF	wdth "	BF	wdth "	BF
1.0	0.5	1.0	0.6	1.0	0.7	1.0	0.8	1.0	0.8
1.5	0.8	1.5	0.9	1.5	1.0	1.5	1.1	1.5	1.3
2.0	1.0	2.0	1.2	2.0	1.3	2.0	1.5	2.0	1.7
2.5	1.3	2.5	1.5	2.5	1.7	2.5	1.9	2.5	2.1
3.0	1.5	3.0	1.8	3.0	2.0	3.0	2.3	3.0	2.5
3.5	1.8	3.5	2.0	3.5	2.3	3.5	2.6	3.5	2.9
4.0	2.0	4.0	2.3	4.0	2.7	4.0	3.0	4.0	3.3
4.5	2.3	4.5	2.6	4.5	3.0	4.5	3.4	4.5	3.8
5.0	2.5	5.0	2.9	5.0	3.3	5.0	3.8	5.0	4.2
5.5	2.8	5.5	3.2	5.5	3.7	5.5	4.1	5.5	4.6
6.0	3.0	6.0	3.5	6.0	4.0	6.0	4.5	6.0	5.0
6.5	3.3	6.5	3.8	6.5	4.3	6.5	4.9	6.5	5.4
7.0	3.5	7.0	4.1	7.0	4.7	7.0	5.3	7.0	5.8
7.5	3.8	7.5	4.4	7.5	5.0	7.5	5.6	7.5	6.3
8.0	4.0	8.0	4.7	8.0	5.3	8.0	6.0	8.0	6.7
8.5	4.3	8.5	5.0	8.5	5.7	8.5	6.4	8.5	7.1
9.0	4.5	9.0	5.3	9.0	6.0	9.0	6.8	9.0	7.5
9.5	4.8	9.5	5.5	9.5	6.3	9.5	7.1	9.5	7.9
10.0	5.0	10.0	5.8	10.0	6.7	10.0	7.5	10.0	8.3
10.5	5.3	10.5	6.1	10.5	7.0	10.5	7.9	10.5	8.8
11.0	5.5	11.0	6.4	11.0	7.3	11.0	8.3	11.0	9.2
11.5	5.8	11.5	6.7	11.5	7.7	11.5	8.6	11.5	9.6
12.0	6.0	12.0	7.0	12.0	8.0	12.0	9.0	12.0	10.0
12.5	6.3	12.5	7.3	12.5	8.3	12.5	9.4	12.5	10.4
13.0	6.5	13.0	7.6	13.0	8.7	13.0	9.8	13.0	10.8

Board foot calculations

4/4 material

6 FEET LONG		7 FEET LONG		8 FEET LONG		9 FEET LONG		10 FEET LONG	
wdth "	BF	wdth "	BF	wdth "	BF	wdth "	BF	wdth "	BF
13.5	6.8	13.5	7.9	13.5	9.0	13.5	10.1	13.5	11.3
14.0	7.0	14.0	8.2	14.0	9.3	14.0	10.5	14.0	11.7
14.5	7.3	14.5	8.5	14.5	9.7	14.5	10.9	14.5	12.1
15.0	7.5	15.0	8.8	15.0	10.0	15.0	11.3	15.0	12.5
15.5	7.8	15.5	9.0	15.5	10.3	15.5	11.6	15.5	12.9
16.0	8.0	16.0	9.3	16.0	10.7	16.0	12.0	16.0	13.3
16.5	8.3	16.5	9.6	16.5	11.0	16.5	12.4	16.5	13.8
17.0	8.5	17.0	9.9	17.0	11.3	17.0	12.8	17.0	14.2
17.5	8.8	17.5	10.2	17.5	11.7	17.5	13.1	17.5	14.6
18.0	9.0	18.0	10.5	18.0	12.0	18.0	13.5	18.0	15.0
18.5	9.3	18.5	10.8	18.5	12.3	18.5	13.9	18.5	15.4
19.0	9.5	19.0	11.1	19.0	12.7	19.0	14.3	19.0	15.8
19.5	9.8	19.5	11.4	19.5	13.0	19.5	14.6	19.5	16.3
20.0	10.0	20.0	11.7	20.0	13.3	20.0	15.0	20.0	16.7
20.5	10.3	20.5	12.0	20.5	13.7	20.5	15.4	20.5	17.1
21.0	10.5	21.0	12.3	21.0	14.0	21.0	15.8	21.0	17.5
21.5	10.8	21.5	12.5	21.5	14.3	21.5	16.1	21.5	17.9
22.0	11.0	22.0	12.8	22.0	14.7	22.0	16.5	22.0	18.3
22.5	11.3	22.5	13.1	22.5	15.0	22.5	16.9	22.5	18.8
23.0	11.5	23.0	13.4	23.0	15.3	23.0	17.3	23.0	19.2
23.5	11.8	23.5	13.7	23.5	15.7	23.5	17.6	23.5	19.6
24.0	12.0	24.0	14.0	24.0	16.0	24.0	18.0	24.0	20.0
24.5	12.3	24.5	14.3	24.5	16.3	24.5	18.4	24.5	20.4
25.0	12.5	25.0	14.6	25.0	16.7	25.0	18.8	25.0	20.8
25.5	12.8	25.5	14.9	25.5	17.0	25.5	19.1	25.5	21.3

Board foot calculations

4/4 material

11 FEET LONG		12 FEET LONG		13 FEET LONG		14 FEET LONG		15 FEET LONG	
wdth "	BF	wdth "	BF	wdth "	BF	wdth "	BF	wdth "	BF
1.0	0.9	1.0	1.0	1.0	1.1	1.0	1.2	1.0	1.3
1.5	1.4	1.5	1.5	1.5	1.6	1.5	1.8	1.5	1.9
2.0	1.8	2.0	2.0	2.0	2.2	2.0	2.3	2.0	2.5
2.5	2.3	2.5	2.5	2.5	2.7	2.5	2.9	2.5	3.1
3.0	2.8	3.0	3.0	3.0	3.3	3.0	3.5	3.0	3.8
3.5	3.2	3.5	3.5	3.5	3.8	3.5	4.1	3.5	4.4
4.0	3.7	4.0	4.0	4.0	4.3	4.0	4.7	4.0	5.0
4.5	4.1	4.5	4.5	4.5	4.9	4.5	5.3	4.5	5.6
5.0	4.6	5.0	5.0	5.0	5.4	5.0	5.8	5.0	6.3
5.5	5.0	5.5	5.5	5.5	6.0	5.5	6.4	5.5	6.9
6.0	5.5	6.0	6.0	6.0	6.5	6.0	7.0	6.0	7.5
6.5	6.0	6.5	6.5	6.5	7.0	6.5	7.6	6.5	8.1
7.0	6.4	7.0	7.0	7.0	7.6	7.0	8.2	7.0	8.8
7.5	6.9	7.5	7.5	7.5	8.1	7.5	8.8	7.5	9.4
8.0	7.3	8.0	8.0	8.0	8.7	8.0	9.3	8.0	10.0
8.5	7.8	8.5	8.5	8.5	9.2	8.5	9.9	8.5	10.6
9.0	8.3	9.0	9.0	9.0	9.8	9.0	10.5	9.0	11.3
9.5	8.7	9.5	9.5	9.5	10.3	9.5	11.1	9.5	11.9
10.0	9.2	10.0	10.0	10.0	10.8	10.0	11.7	10.0	12.5
10.5	9.6	10.5	10.5	10.5	11.4	10.5	12.3	10.5	13.1
11.0	10.1	11.0	11.0	11.0	11.9	11.0	12.8	11.0	13.8
11.5	10.5	11.5	11.5	11.5	12.5	11.5	13.4	11.5	14.4
12.0	11.0	12.0	12.0	12.0	13.0	12.0	14.0	12.0	15.0
12.5	11.5	12.5	12.5	12.5	13.5	12.5	14.6	12.5	15.6
13.0	11.9	13.0	13.0	13.0	14.1	13.0	15.2	13.0	16.3

Board foot calculations

4/4 material

11 FEET LONG		12 FEET LONG		13 FEET LONG		14 FEET LONG		15 FEET LONG	
wdth "	BF	wdth "	BF	wdth "	BF	wdth "	BF	wdth "	BF
13.5	12.4	13.5	13.5	13.5	14.6	13.5	15.8	13.5	16.9
14.0	12.8	14.0	14.0	14.0	15.2	14.0	16.3	14.0	17.5
14.5	13.3	14.5	14.5	14.5	15.7	14.5	16.9	14.5	18.1
15.0	13.8	15.0	15.0	15.0	16.3	15.0	17.5	15.0	18.8
15.5	14.2	15.5	15.5	15.5	16.8	15.5	18.1	15.5	19.4
16.0	14.7	16.0	16.0	16.0	17.3	16.0	18.7	16.0	20.0
16.5	15.1	16.5	16.5	16.5	17.9	16.5	19.3	16.5	20.6
17.0	15.6	17.0	17.0	17.0	18.4	17.0	19.8	17.0	21.3
17.5	16.0	17.5	17.5	17.5	19.0	17.5	20.4	17.5	21.9
18.0	16.5	18.0	18.0	18.0	19.5	18.0	21.0	18.0	22.5
18.5	17.0	18.5	18.5	18.5	20.0	18.5	21.6	18.5	23.1
19.0	17.4	19.0	19.0	19.0	20.6	19.0	22.2	19.0	23.8
19.5	17.9	19.5	19.5	19.5	21.1	19.5	22.8	19.5	24.4
20.0	18.3	20.0	20.0	20.0	21.7	20.0	23.3	20.0	25.0
20.5	18.8	20.5	20.5	20.5	22.2	20.5	23.9	20.5	25.6
21.0	19.3	21.0	21.0	21.0	22.8	21.0	24.5	21.0	26.3
21.5	19.7	21.5	21.5	21.5	23.3	21.5	25.1	21.5	26.9
22.0	20.2	22.0	22.0	22.0	23.8	22.0	25.7	22.0	27.5
22.5	20.6	22.5	22.5	22.5	24.4	22.5	26.3	22.5	28.1
23.0	21.1	23.0	23.0	23.0	24.9	23.0	26.8	23.0	28.8
23.5	21.5	23.5	23.5	23.5	25.5	23.5	27.4	23.5	29.4
24.0	22.0	24.0	24.0	24.0	26.0	24.0	28.0	24.0	30.0
24.5	22.5	24.5	24.5	24.5	26.5	24.5	28.6	24.5	30.6
25.0	22.9	25.0	25.0	25.0	27.1	25.0	29.2	25.0	31.3
25.5	23.4	25.5	25.5	25.5	27.6	25.5	29.8	25.5	31.9

Board foot calculations

4/4 material

16 FEET LONG		17 FEET LONG		18 FEET LONG		19 FEET LONG		20 FEET LONG	
wdth "	BF	wdth "	BF	wdth "	BF	wdth "	BF	wdth "	BF
1.0	1.3	1.0	1.4	1.0	1.5	1.0	1.6	1.0	1.7
1.5	2.0	1.5	2.1	1.5	2.3	1.5	2.4	1.5	2.5
2.0	2.7	2.0	2.8	2.0	3.0	2.0	3.2	2.0	3.3
2.5	3.3	2.5	3.5	2.5	3.8	2.5	4.0	2.5	4.2
3.0	4.0	3.0	4.3	3.0	4.5	3.0	4.8	3.0	5.0
3.5	4.7	3.5	5.0	3.5	5.3	3.5	5.5	3.5	5.8
4.0	5.3	4.0	5.7	4.0	6.0	4.0	6.3	4.0	6.7
4.5	6.0	4.5	6.4	4.5	6.8	4.5	7.1	4.5	7.5
5.0	6.7	5.0	7.1	5.0	7.5	5.0	7.9	5.0	8.3
5.5	7.3	5.5	7.8	5.5	8.3	5.5	8.7	5.5	9.2
6.0	8.0	6.0	8.5	6.0	9.0	6.0	9.5	6.0	10.0
6.5	8.7	6.5	9.2	6.5	9.8	6.5	10.3	6.5	10.8
7.0	9.3	7.0	9.9	7.0	10.5	7.0	11.1	7.0	11.7
7.5	10.0	7.5	10.6	7.5	11.3	7.5	11.9	7.5	12.5
8.0	10.7	8.0	11.3	8.0	12.0	8.0	12.7	8.0	13.3
8.5	11.3	8.5	12.0	8.5	12.8	8.5	13.5	8.5	14.2
9.0	12.0	9.0	12.8	9.0	13.5	9.0	14.3	9.0	15.0
9.5	12.7	9.5	13.5	9.5	14.3	9.5	15.0	9.5	15.8
10.0	13.3	10.0	14.2	10.0	15.0	10.0	15.8	10.0	16.7
10.5	14.0	10.5	14.9	10.5	15.8	10.5	16.6	10.5	17.5
11.0	14.7	11.0	15.6	11.0	16.5	11.0	17.4	11.0	18.3
11.5	15.3	11.5	16.3	11.5	17.3	11.5	18.2	11.5	19.2
12.0	16.0	12.0	17.0	12.0	18.0	12.0	19.0	12.0	20.0
12.5	16.7	12.5	17.7	12.5	18.8	12.5	19.8	12.5	20.8
13.0	17.3	13.0	18.4	13.0	19.5	13.0	20.6	13.0	21.7

Board foot calculations

4/4 material

16 FEET LONG		17 FEET LONG		18 FEET LONG		19 FEET LONG		20 FEET LONG	
wdth "	BF	wdth "	BF	wdth "	BF	wdth "	BF	wdth "	BF
13.5	18.0	13.5	19.1	13.5	20.3	13.5	21.4	13.5	22.5
14.0	18.7	14.0	19.8	14.0	21.0	14.0	22.2	14.0	23.3
14.5	19.3	14.5	20.5	14.5	21.8	14.5	23.0	14.5	24.2
15.0	20.0	15.0	21.3	15.0	22.5	15.0	23.8	15.0	25.0
15.5	20.7	15.5	22.0	15.5	23.3	15.5	24.5	15.5	25.8
16.0	21.3	16.0	22.7	16.0	24.0	16.0	25.3	16.0	26.7
16.5	22.0	16.5	23.4	16.5	24.8	16.5	26.1	16.5	27.5
17.0	22.7	17.0	24.1	17.0	25.5	17.0	26.9	17.0	28.3
17.5	23.3	17.5	24.8	17.5	26.3	17.5	27.7	17.5	29.2
18.0	24.0	18.0	25.5	18.0	27.0	18.0	28.5	18.0	30.0
18.5	24.7	18.5	26.2	18.5	27.8	18.5	29.3	18.5	30.8
19.0	25.3	19.0	26.9	19.0	28.5	19.0	30.1	19.0	31.7
19.5	26.0	19.5	27.6	19.5	29.3	19.5	30.9	19.5	32.5
20.0	26.7	20.0	28.3	20.0	30.0	20.0	31.7	20.0	33.3
20.5	27.3	20.5	29.0	20.5	30.8	20.5	32.5	20.5	34.2
21.0	28.0	21.0	29.8	21.0	31.5	21.0	33.3	21.0	35.0
21.5	28.7	21.5	30.5	21.5	32.3	21.5	34.0	21.5	35.8
22.0	29.3	22.0	31.2	22.0	33.0	22.0	34.8	22.0	36.7
22.5	30.0	22.5	31.9	22.5	33.8	22.5	35.6	22.5	37.5
23.0	30.7	23.0	32.6	23.0	34.5	23.0	36.4	23.0	38.3
23.5	31.3	23.5	33.3	23.5	35.3	23.5	37.2	23.5	39.2
24.0	32.0	24.0	34.0	24.0	36.0	24.0	38.0	24.0	40.0
24.5	32.7	24.5	34.7	24.5	36.8	24.5	38.8	24.5	40.8
25.0	33.3	25.0	35.4	25.0	37.5	25.0	39.6	25.0	41.7
25.5	34.0	25.5	36.1	25.5	38.3	25.5	40.4	25.5	42.5

Board foot calculations

5/4 material

1 FOOT LONG		2 FEET LONG		3 FEET LONG		4 FEET LONG		5 FEET LONG	
wdth "	BF	wdth "	BF	wdth "	BF	wdth "	BF	wdth "	BF
1.0	0.1	1.0	0.2	1.0	0.3	1.0	0.4	1.0	0.5
1.5	0.2	1.5	0.3	1.5	0.5	1.5	0.6	1.5	0.8
2.0	0.2	2.0	0.4	2.0	0.6	2.0	0.8	2.0	1.0
2.5	0.3	2.5	0.5	2.5	0.8	2.5	1.0	2.5	1.3
3.0	0.3	3.0	0.6	3.0	0.9	3.0	1.3	3.0	1.6
3.5	0.4	3.5	0.7	3.5	1.1	3.5	1.5	3.5	1.8
4.0	0.4	4.0	0.8	4.0	1.3	4.0	1.7	4.0	2.1
4.5	0.5	4.5	0.9	4.5	1.4	4.5	1.9	4.5	2.3
5.0	0.5	5.0	1.0	5.0	1.6	5.0	2.1	5.0	2.6
5.5	0.6	5.5	1.1	5.5	1.7	5.5	2.3	5.5	2.9
6.0	0.6	6.0	1.3	6.0	1.9	6.0	2.5	6.0	3.1
6.5	0.7	6.5	1.4	6.5	2.0	6.5	2.7	6.5	3.4
7.0	0.7	7.0	1.5	7.0	2.2	7.0	2.9	7.0	3.6
7.5	0.8	7.5	1.6	7.5	2.3	7.5	3.1	7.5	3.9
8.0	0.8	8.0	1.7	8.0	2.5	8.0	3.3	8.0	4.2
8.5	0.9	8.5	1.8	8.5	2.7	8.5	3.5	8.5	4.4
9.0	0.9	9.0	1.9	9.0	2.8	9.0	3.8	9.0	4.7
9.5	1.0	9.5	2.0	9.5	3.0	9.5	4.0	9.5	4.9
10.0	1.0	10.0	2.1	10.0	3.1	10.0	4.2	10.0	5.2
10.5	1.1	10.5	2.2	10.5	3.3	10.5	4.4	10.5	5.5
11.0	1.1	11.0	2.3	11.0	3.4	11.0	4.6	11.0	5.7
11.5	1.2	11.5	2.4	11.5	3.6	11.5	4.8	11.5	6.0
12.0	1.3	12.0	2.5	12.0	3.8	12.0	5.0	12.0	6.3
12.5	1.3	12.5	2.6	12.5	3.9	12.5	5.2	12.5	6.5
13.0	1.4	13.0	2.7	13.0	4.1	13.0	5.4	13.0	6.8

Board foot calculations

5/4 material

1 FOOT LONG		2 FEET LONG		3 FEET LONG		4 FEET LONG		5 FEET LONG	
wdth "	BF	wdth "	BF	wdth "	BF	wdth "	BF	wdth "	BF
13.5	1.4	13.5	2.8	13.5	4.2	13.5	5.6	13.5	7.0
14.0	1.5	14.0	2.9	14.0	4.4	14.0	5.8	14.0	7.3
14.5	1.5	14.5	3.0	14.5	4.5	14.5	6.0	14.5	7.6
15.0	1.6	15.0	3.1	15.0	4.7	15.0	6.3	15.0	7.8
15.5	1.6	15.5	3.2	15.5	4.8	15.5	6.5	15.5	8.1
16.0	1.7	16.0	3.3	16.0	5.0	16.0	6.7	16.0	8.3
16.5	1.7	16.5	3.4	16.5	5.2	16.5	6.9	16.5	8.6
17.0	1.8	17.0	3.5	17.0	5.3	17.0	7.1	17.0	8.9
17.5	1.8	17.5	3.6	17.5	5.5	17.5	7.3	17.5	9.1
18.0	1.9	18.0	3.8	18.0	5.6	18.0	7.5	18.0	9.4
18.5	1.9	18.5	3.9	18.5	5.8	18.5	7.7	18.5	9.6
19.0	2.0	19.0	4.0	19.0	5.9	19.0	7.9	19.0	9.9
19.5	2.0	19.5	4.1	19.5	6.1	19.5	8.1	19.5	10.2
20.0	2.1	20.0	4.2	20.0	6.3	20.0	8.3	20.0	10.4
20.5	2.1	20.5	4.3	20.5	6.4	20.5	8.5	20.5	10.7
21.0	2.2	21.0	4.4	21.0	6.6	21.0	8.8	21.0	10.9
21.5	2.2	21.5	4.5	21.5	6.7	21.5	9.0	21.5	11.2
22.0	2.3	22.0	4.6	22.0	6.9	22.0	9.2	22.0	11.5
22.5	2.3	22.5	4.7	22.5	7.0	22.5	9.4	22.5	11.7
23.0	2.4	23.0	4.8	23.0	7.2	23.0	9.6	23.0	12.0
23.5	2.4	23.5	4.9	23.5	7.3	23.5	9.8	23.5	12.2
24.0	2.5	24.0	5.0	24.0	7.5	24.0	10.0	24.0	12.5
24.5	2.6	24.5	5.1	24.5	7.7	24.5	10.2	24.5	12.8
25.0	2.6	25.0	5.2	25.0	7.8	25.0	10.4	25.0	13.0
25.5	2.7	25.5	5.3	25.5	8.0	25.5	10.6	25.5	13.3

Board foot calculations

5/4 material

6 FEET LONG		7 FEET LONG		8 FEET LONG		9 FEET LONG		10 FEET LONG	
wdth "	BF	wdth "	BF	wdth "	BF	wdth "	BF	wdth "	BF
1.0	0.6	1.0	0.7	1.0	0.8	1.0	0.9	1.0	1.0
1.5	0.9	1.5	1.1	1.5	1.3	1.5	1.4	1.5	1.6
2.0	1.3	2.0	1.5	2.0	1.7	2.0	1.9	2.0	2.1
2.5	1.6	2.5	1.8	2.5	2.1	2.5	2.3	2.5	2.6
3.0	1.9	3.0	2.2	3.0	2.5	3.0	2.8	3.0	3.1
3.5	2.2	3.5	2.6	3.5	2.9	3.5	3.3	3.5	3.6
4.0	2.5	4.0	2.9	4.0	3.3	4.0	3.8	4.0	4.2
4.5	2.8	4.5	3.3	4.5	3.8	4.5	4.2	4.5	4.7
5.0	3.1	5.0	3.6	5.0	4.2	5.0	4.7	5.0	5.2
5.5	3.4	5.5	4.0	5.5	4.6	5.5	5.2	5.5	5.7
6.0	3.8	6.0	4.4	6.0	5.0	6.0	5.6	6.0	6.3
6.5	4.1	6.5	4.7	6.5	5.4	6.5	6.1	6.5	6.8
7.0	4.4	7.0	5.1	7.0	5.8	7.0	6.6	7.0	7.3
7.5	4.7	7.5	5.5	7.5	6.3	7.5	7.0	7.5	7.8
8.0	5.0	8.0	5.8	8.0	6.7	8.0	7.5	8.0	8.3
8.5	5.3	8.5	6.2	8.5	7.1	8.5	8.0	8.5	8.9
9.0	5.6	9.0	6.6	9.0	7.5	9.0	8.4	9.0	9.4
9.5	5.9	9.5	6.9	9.5	7.9	9.5	8.9	9.5	9.9
10.0	6.3	10.0	7.3	10.0	8.3	10.0	9.4	10.0	10.4
10.5	6.6	10.5	7.7	10.5	8.8	10.5	9.8	10.5	10.9
11.0	6.9	11.0	8.0	11.0	9.2	11.0	10.3	11.0	11.5
11.5	7.2	11.5	8.4	11.5	9.6	11.5	10.8	11.5	12.0
12.0	7.5	12.0	8.8	12.0	10.0	12.0	11.3	12.0	12.5
12.5	7.8	12.5	9.1	12.5	10.4	12.5	11.7	12.5	13.0
13.0	8.1	13.0	9.5	13.0	10.8	13.0	12.2	13.0	13.5

Board foot calculations

5/4 material

6 FEET LONG		7 FEET LONG		8 FEET LONG		9 FEET LONG		10 FEET LONG	
wdth "	BF	wdth "	BF	wdth "	BF	wdth "	BF	wdth "	BF
13.5	8.4	13.5	9.8	13.5	11.3	13.5	12.7	13.5	14.1
14.0	8.8	14.0	10.2	14.0	11.7	14.0	13.1	14.0	14.6
14.5	9.1	14.5	10.6	14.5	12.1	14.5	13.6	14.5	15.1
15.0	9.4	15.0	10.9	15.0	12.5	15.0	14.1	15.0	15.6
15.5	9.7	15.5	11.3	15.5	12.9	15.5	14.5	15.5	16.1
16.0	10.0	16.0	11.7	16.0	13.3	16.0	15.0	16.0	16.7
16.5	10.3	16.5	12.0	16.5	13.8	16.5	15.5	16.5	17.2
17.0	10.6	17.0	12.4	17.0	14.2	17.0	15.9	17.0	17.7
17.5	10.9	17.5	12.8	17.5	14.6	17.5	16.4	17.5	18.2
18.0	11.3	18.0	13.1	18.0	15.0	18.0	16.9	18.0	18.8
18.5	11.6	18.5	13.5	18.5	15.4	18.5	17.3	18.5	19.3
19.0	11.9	19.0	13.9	19.0	15.8	19.0	17.8	19.0	19.8
19.5	12.2	19.5	14.2	19.5	16.3	19.5	18.3	19.5	20.3
20.0	12.5	20.0	14.6	20.0	16.7	20.0	18.8	20.0	20.8
20.5	12.8	20.5	14.9	20.5	17.1	20.5	19.2	20.5	21.4
21.0	13.1	21.0	15.3	21.0	17.5	21.0	19.7	21.0	21.9
21.5	13.4	21.5	15.7	21.5	17.9	21.5	20.2	21.5	22.4
22.0	13.8	22.0	16.0	22.0	18.3	22.0	20.6	22.0	22.9
22.5	14.1	22.5	16.4	22.5	18.8	22.5	21.1	22.5	23.4
23.0	14.4	23.0	16.8	23.0	19.2	23.0	21.6	23.0	24.0
23.5	14.7	23.5	17.1	23.5	19.6	23.5	22.0	23.5	24.5
24.0	15.0	24.0	17.5	24.0	20.0	24.0	22.5	24.0	25.0
24.5	15.3	24.5	17.9	24.5	20.4	24.5	23.0	24.5	25.5
25.0	15.6	25.0	18.2	25.0	20.8	25.0	23.4	25.0	26.0
25.5	15.9	25.5	18.6	25.5	21.3	25.5	23.9	25.5	26.6

Board foot calculations

5/4 material

11 FEET LONG		12 FEET LONG		13 FEET LONG		14 FEET LONG		15 FEET LONG	
wdth "	BF	wdth "	BF	wdth "	BF	wdth "	BF	wdth "	BF
1.0	1.1	1.0	1.3	1.0	1.4	1.0	1.5	1.0	1.6
1.5	1.7	1.5	1.9	1.5	2.0	1.5	2.2	1.5	2.3
2.0	2.3	2.0	2.5	2.0	2.7	2.0	2.9	2.0	3.1
2.5	2.9	2.5	3.1	2.5	3.4	2.5	3.6	2.5	3.9
3.0	3.4	3.0	3.8	3.0	4.1	3.0	4.4	3.0	4.7
3.5	4.0	3.5	4.4	3.5	4.7	3.5	5.1	3.5	5.5
4.0	4.6	4.0	5.0	4.0	5.4	4.0	5.8	4.0	6.3
4.5	5.2	4.5	5.6	4.5	6.1	4.5	6.6	4.5	7.0
5.0	5.7	5.0	6.3	5.0	6.8	5.0	7.3	5.0	7.8
5.5	6.3	5.5	6.9	5.5	7.4	5.5	8.0	5.5	8.6
6.0	6.9	6.0	7.5	6.0	8.1	6.0	8.8	6.0	9.4
6.5	7.4	6.5	8.1	6.5	8.8	6.5	9.5	6.5	10.2
7.0	8.0	7.0	8.8	7.0	9.5	7.0	10.2	7.0	10.9
7.5	8.6	7.5	9.4	7.5	10.2	7.5	10.9	7.5	11.7
8.0	9.2	8.0	10.0	8.0	10.8	8.0	11.7	8.0	12.5
8.5	9.7	8.5	10.6	8.5	11.5	8.5	12.4	8.5	13.3
9.0	10.3	9.0	11.3	9.0	12.2	9.0	13.1	9.0	14.1
9.5	10.9	9.5	11.9	9.5	12.9	9.5	13.9	9.5	14.8
10.0	11.5	10.0	12.5	10.0	13.5	10.0	14.6	10.0	15.6
10.5	12.0	10.5	13.1	10.5	14.2	10.5	15.3	10.5	16.4
11.0	12.6	11.0	13.8	11.0	14.9	11.0	16.0	11.0	17.2
11.5	13.2	11.5	14.4	11.5	15.6	11.5	16.8	11.5	18.0
12.0	13.8	12.0	15.0	12.0	16.3	12.0	17.5	12.0	18.8
12.5	14.3	12.5	15.6	12.5	16.9	12.5	18.2	12.5	19.5
13.0	14.9	13.0	16.3	13.0	17.6	13.0	19.0	13.0	20.3

Board foot calculations

5/4 material

11 FEET LONG		12 FEET LONG		13 FEET LONG		14 FEET LONG		15 FEET LONG	
wdth "	BF	wdth "	BF	wdth "	BF	wdth "	BF	wdth "	BF
13.5	15.5	13.5	16.9	13.5	18.3	13.5	19.7	13.5	21.1
14.0	16.0	14.0	17.5	14.0	19.0	14.0	20.4	14.0	21.9
14.5	16.6	14.5	18.1	14.5	19.6	14.5	21.1	14.5	22.7
15.0	17.2	15.0	18.8	15.0	20.3	15.0	21.9	15.0	23.4
15.5	17.8	15.5	19.4	15.5	21.0	15.5	22.6	15.5	24.2
16.0	18.3	16.0	20.0	16.0	21.7	16.0	23.3	16.0	25.0
16.5	18.9	16.5	20.6	16.5	22.3	16.5	24.1	16.5	25.8
17.0	19.5	17.0	21.3	17.0	23.0	17.0	24.8	17.0	26.6
17.5	20.1	17.5	21.9	17.5	23.7	17.5	25.5	17.5	27.3
18.0	20.6	18.0	22.5	18.0	24.4	18.0	26.3	18.0	28.1
18.5	21.2	18.5	23.1	18.5	25.1	18.5	27.0	18.5	28.9
19.0	21.8	19.0	23.8	19.0	25.7	19.0	27.7	19.0	29.7
19.5	22.3	19.5	24.4	19.5	26.4	19.5	28.4	19.5	30.5
20.0	22.9	20.0	25.0	20.0	27.1	20.0	29.2	20.0	31.3
20.5	23.5	20.5	25.6	20.5	27.8	20.5	29.9	20.5	32.0
21.0	24.1	21.0	26.3	21.0	28.4	21.0	30.6	21.0	32.8
21.5	24.6	21.5	26.9	21.5	29.1	21.5	31.4	21.5	33.6
22.0	25.2	22.0	27.5	22.0	29.8	22.0	32.1	22.0	34.4
22.5	25.8	22.5	28.1	22.5	30.5	22.5	32.8	22.5	35.2
23.0	26.4	23.0	28.8	23.0	31.1	23.0	33.5	23.0	35.9
23.5	26.9	23.5	29.4	23.5	31.8	23.5	34.3	23.5	36.7
24.0	27.5	24.0	30.0	24.0	32.5	24.0	35.0	24.0	37.5
24.5	28.1	24.5	30.6	24.5	33.2	24.5	35.7	24.5	38.3
25.0	28.6	25.0	31.3	25.0	33.9	25.0	36.5	25.0	39.1
25.5	29.2	25.5	31.9	25.5	34.5	25.5	37.2	25.5	39.8

Board foot calculations

5/4 material

16 FEET LONG		17 FEET LONG		18 FEET LONG		19 FEET LONG		20 FEET LONG	
wdth "	BF	wdth "	BF	wdth "	BF	wdth "	BF	wdth "	BF
1.0	1.7	1.0	1.8	1.0	1.9	1.0	2.0	1.0	2.1
1.5	2.5	1.5	2.7	1.5	2.8	1.5	3.0	1.5	3.1
2.0	3.3	2.0	3.5	2.0	3.8	2.0	4.0	2.0	4.2
2.5	4.2	2.5	4.4	2.5	4.7	2.5	4.9	2.5	5.2
3.0	5.0	3.0	5.3	3.0	5.6	3.0	5.9	3.0	6.3
3.5	5.8	3.5	6.2	3.5	6.6	3.5	6.9	3.5	7.3
4.0	6.7	4.0	7.1	4.0	7.5	4.0	7.9	4.0	8.3
4.5	7.5	4.5	8.0	4.5	8.4	4.5	8.9	4.5	9.4
5.0	8.3	5.0	8.9	5.0	9.4	5.0	9.9	5.0	10.4
5.5	9.2	5.5	9.7	5.5	10.3	5.5	10.9	5.5	11.5
6.0	10.0	6.0	10.6	6.0	11.3	6.0	11.9	6.0	12.5
6.5	10.8	6.5	11.5	6.5	12.2	6.5	12.9	6.5	13.5
7.0	11.7	7.0	12.4	7.0	13.1	7.0	13.9	7.0	14.6
7.5	12.5	7.5	13.3	7.5	14.1	7.5	14.8	7.5	15.6
8.0	13.3	8.0	14.2	8.0	15.0	8.0	15.8	8.0	16.7
8.5	14.2	8.5	15.1	8.5	15.9	8.5	16.8	8.5	17.7
9.0	15.0	9.0	15.9	9.0	16.9	9.0	17.8	9.0	18.8
9.5	15.8	9.5	16.8	9.5	17.8	9.5	18.8	9.5	19.8
10.0	16.7	10.0	17.7	10.0	18.8	10.0	19.8	10.0	20.8
10.5	17.5	10.5	18.6	10.5	19.7	10.5	20.8	10.5	21.9
11.0	18.3	11.0	19.5	11.0	20.6	11.0	21.8	11.0	22.9
11.5	19.2	11.5	20.4	11.5	21.6	11.5	22.8	11.5	24.0
12.0	20.0	12.0	21.3	12.0	22.5	12.0	23.8	12.0	25.0
12.5	20.8	12.5	22.1	12.5	23.4	12.5	24.7	12.5	26.0
13.0	21.7	13.0	23.0	13.0	24.4	13.0	25.7	13.0	27.1

Board foot calculations

5/4 material

16 FEET LONG		17 FEET LONG		18 FEET LONG		19 FEET LONG		20 FEET LONG	
wdth "	BF	wdth "	BF	wdth "	BF	wdth "	BF	wdth "	BF
13.5	22.5	13.5	23.9	13.5	25.3	13.5	26.7	13.5	28.1
14.0	23.3	14.0	24.8	14.0	26.3	14.0	27.7	14.0	29.2
14.5	24.2	14.5	25.7	14.5	27.2	14.5	28.7	14.5	30.2
15.0	25.0	15.0	26.6	15.0	28.1	15.0	29.7	15.0	31.3
15.5	25.8	15.5	27.4	15.5	29.1	15.5	30.7	15.5	32.3
16.0	26.7	16.0	28.3	16.0	30.0	16.0	31.7	16.0	33.3
16.5	27.5	16.5	29.2	16.5	30.9	16.5	32.7	16.5	34.4
17.0	28.3	17.0	30.1	17.0	31.9	17.0	33.6	17.0	35.4
17.5	29.2	17.5	31.0	17.5	32.8	17.5	34.6	17.5	36.5
18.0	30.0	18.0	31.9	18.0	33.8	18.0	35.6	18.0	37.5
18.5	30.8	18.5	32.8	18.5	34.7	18.5	36.6	18.5	38.5
19.0	31.7	19.0	33.6	19.0	35.6	19.0	37.6	19.0	39.6
19.5	32.5	19.5	34.5	19.5	36.6	19.5	38.6	19.5	40.6
20.0	33.3	20.0	35.4	20.0	37.5	20.0	39.6	20.0	41.7
20.5	34.2	20.5	36.3	20.5	38.4	20.5	40.6	20.5	42.7
21.0	35.0	21.0	37.2	21.0	39.4	21.0	41.6	21.0	43.8
21.5	35.8	21.5	38.1	21.5	40.3	21.5	42.6	21.5	44.8
22.0	36.7	22.0	39.0	22.0	41.3	22.0	43.5	22.0	45.8
22.5	37.5	22.5	39.8	22.5	42.2	22.5	44.5	22.5	46.9
23.0	38.3	23.0	40.7	23.0	43.1	23.0	45.5	23.0	47.9
23.5	39.2	23.5	41.6	23.5	44.1	23.5	46.5	23.5	49.0
24.0	40.0	24.0	42.5	24.0	45.0	24.0	47.5	24.0	50.0
24.5	40.8	24.5	43.4	24.5	45.9	24.5	48.5	24.5	51.0
25.0	41.7	25.0	44.3	25.0	46.9	25.0	49.5	25.0	52.1
25.5	42.5	25.5	45.2	25.5	47.8	25.5	50.5	25.5	53.1

Board foot calculations

6/4 material

1 FOOT LONG		2 FEET LONG		3 FEET LONG		4 FEET LONG		5 FEET LONG	
wdth "	BF	wdth "	BF	wdth "	BF	wdth "	BF	wdth "	BF
1.0	0.1	1.0	0.3	1.0	0.4	1.0	0.5	1.0	0.6
1.5	0.2	1.5	0.4	1.5	0.6	1.5	0.8	1.5	0.9
2.0	0.3	2.0	0.5	2.0	0.8	2.0	1.0	2.0	1.3
2.5	0.3	2.5	0.6	2.5	0.9	2.5	1.3	2.5	1.6
3.0	0.4	3.0	0.8	3.0	1.1	3.0	1.5	3.0	1.9
3.5	0.4	3.5	0.9	3.5	1.3	3.5	1.8	3.5	2.2
4.0	0.5	4.0	1.0	4.0	1.5	4.0	2.0	4.0	2.5
4.5	0.6	4.5	1.1	4.5	1.7	4.5	2.3	4.5	2.8
5.0	0.6	5.0	1.3	5.0	1.9	5.0	2.5	5.0	3.1
5.5	0.7	5.5	1.4	5.5	2.1	5.5	2.8	5.5	3.4
6.0	0.8	6.0	1.5	6.0	2.3	6.0	3.0	6.0	3.8
6.5	0.8	6.5	1.6	6.5	2.4	6.5	3.3	6.5	4.1
7.0	0.9	7.0	1.8	7.0	2.6	7.0	3.5	7.0	4.4
7.5	0.9	7.5	1.9	7.5	2.8	7.5	3.8	7.5	4.7
8.0	1.0	8.0	2.0	8.0	3.0	8.0	4.0	8.0	5.0
8.5	1.1	8.5	2.1	8.5	3.2	8.5	4.3	8.5	5.3
9.0	1.1	9.0	2.3	9.0	3.4	9.0	4.5	9.0	5.6
9.5	1.2	9.5	2.4	9.5	3.6	9.5	4.8	9.5	5.9
10.0	1.3	10.0	2.5	10.0	3.8	10.0	5.0	10.0	6.3
10.5	1.3	10.5	2.6	10.5	3.9	10.5	5.3	10.5	6.6
11.0	1.4	11.0	2.8	11.0	4.1	11.0	5.5	11.0	6.9
11.5	1.4	11.5	2.9	11.5	4.3	11.5	5.8	11.5	7.2
12.0	1.5	12.0	3.0	12.0	4.5	12.0	6.0	12.0	7.5
12.5	1.6	12.5	3.1	12.5	4.7	12.5	6.3	12.5	7.8
13.0	1.6	13.0	3.3	13.0	4.9	13.0	6.5	13.0	8.1

Board foot calculations

6/4 material

1 FOOT LONG		2 FEET LONG		3 FEET LONG		4 FEET LONG		5 FEET LONG	
wdth "	BF	wdth "	BF	wdth "	BF	wdth "	BF	wdth "	BF
13.5	1.7	13.5	3.4	13.5	5.1	13.5	6.8	13.5	8.4
14.0	1.8	14.0	3.5	14.0	5.3	14.0	7.0	14.0	8.8
14.5	1.8	14.5	3.6	14.5	5.4	14.5	7.3	14.5	9.1
15.0	1.9	15.0	3.8	15.0	5.6	15.0	7.5	15.0	9.4
15.5	1.9	15.5	3.9	15.5	5.8	15.5	7.8	15.5	9.7
16.0	2.0	16.0	4.0	16.0	6.0	16.0	8.0	16.0	10.0
16.5	2.1	16.5	4.1	16.5	6.2	16.5	8.3	16.5	10.3
17.0	2.1	17.0	4.3	17.0	6.4	17.0	8.5	17.0	10.6
17.5	2.2	17.5	4.4	17.5	6.6	17.5	8.8	17.5	10.9
18.0	2.3	18.0	4.5	18.0	6.8	18.0	9.0	18.0	11.3
18.5	2.3	18.5	4.6	18.5	6.9	18.5	9.3	18.5	11.6
19.0	2.4	19.0	4.8	19.0	7.1	19.0	9.5	19.0	11.9
19.5	2.4	19.5	4.9	19.5	7.3	19.5	9.8	19.5	12.2
20.0	2.5	20.0	5.0	20.0	7.5	20.0	10.0	20.0	12.5
20.5	2.6	20.5	5.1	20.5	7.7	20.5	10.3	20.5	12.8
21.0	2.6	21.0	5.3	21.0	7.9	21.0	10.5	21.0	13.1
21.5	2.7	21.5	5.4	21.5	8.1	21.5	10.8	21.5	13.4
22.0	2.8	22.0	5.5	22.0	8.3	22.0	11.0	22.0	13.8
22.5	2.8	22.5	5.6	22.5	8.4	22.5	11.3	22.5	14.1
23.0	2.9	23.0	5.8	23.0	8.6	23.0	11.5	23.0	14.4
23.5	2.9	23.5	5.9	23.5	8.8	23.5	11.8	23.5	14.7
24.0	3.0	24.0	6.0	24.0	9.0	24.0	12.0	24.0	15.0
24.5	3.1	24.5	6.1	24.5	9.2	24.5	12.3	24.5	15.3
25.0	3.1	25.0	6.3	25.0	9.4	25.0	12.5	25.0	15.6
25.5	3.2	25.5	6.4	25.5	9.6	25.5	12.8	25.5	15.9

Board foot calculations

6/4 material

6 FEET LONG		7 FEET LONG		8 FEET LONG		9 FEET LONG		10 FEET LONG	
wdth "	BF	wdth "	BF	wdth "	BF	wdth "	BF	wdth "	BF
1.0	0.8	1.0	0.9	1.0	1.0	1.0	1.1	1.0	1.3
1.5	1.1	1.5	1.3	1.5	1.5	1.5	1.7	1.5	1.9
2.0	1.5	2.0	1.8	2.0	2.0	2.0	2.3	2.0	2.5
2.5	1.9	2.5	2.2	2.5	2.5	2.5	2.8	2.5	3.1
3.0	2.3	3.0	2.6	3.0	3.0	3.0	3.4	3.0	3.8
3.5	2.6	3.5	3.1	3.5	3.5	3.5	3.9	3.5	4.4
4.0	3.0	4.0	3.5	4.0	4.0	4.0	4.5	4.0	5.0
4.5	3.4	4.5	3.9	4.5	4.5	4.5	5.1	4.5	5.6
5.0	3.8	5.0	4.4	5.0	5.0	5.0	5.6	5.0	6.3
5.5	4.1	5.5	4.8	5.5	5.5	5.5	6.2	5.5	6.9
6.0	4.5	6.0	5.3	6.0	6.0	6.0	6.8	6.0	7.5
6.5	4.9	6.5	5.7	6.5	6.5	6.5	7.3	6.5	8.1
7.0	5.3	7.0	6.1	7.0	7.0	7.0	7.9	7.0	8.8
7.5	5.6	7.5	6.6	7.5	7.5	7.5	8.4	7.5	9.4
8.0	6.0	8.0	7.0	8.0	8.0	8.0	9.0	8.0	10.0
8.5	6.4	8.5	7.4	8.5	8.5	8.5	9.6	8.5	10.6
9.0	6.8	9.0	7.9	9.0	9.0	9.0	10.1	9.0	11.3
9.5	7.1	9.5	8.3	9.5	9.5	9.5	10.7	9.5	11.9
10.0	7.5	10.0	8.8	10.0	10.0	10.0	11.3	10.0	12.5
10.5	7.9	10.5	9.2	10.5	10.5	10.5	11.8	10.5	13.1
11.0	8.3	11.0	9.6	11.0	11.0	11.0	12.4	11.0	13.8
11.5	8.6	11.5	10.1	11.5	11.5	11.5	12.9	11.5	14.4
12.0	9.0	12.0	10.5	12.0	12.0	12.0	13.5	12.0	15.0
12.5	9.4	12.5	10.9	12.5	12.5	12.5	14.1	12.5	15.6
13.0	9.8	13.0	11.4	13.0	13.0	13.0	14.6	13.0	16.3

Board foot calculations

6/4 material

6 FEET LONG		7 FEET LONG		8 FEET LONG		9 FEET LONG		10 FEET LONG	
wdth "	BF	wdth "	BF	wdth "	BF	wdth "	BF	wdth "	BF
13.5	10.1	13.5	11.8	13.5	13.5	13.5	15.2	13.5	16.9
14.0	10.5	14.0	12.3	14.0	14.0	14.0	15.8	14.0	17.5
14.5	10.9	14.5	12.7	14.5	14.5	14.5	16.3	14.5	18.1
15.0	11.3	15.0	13.1	15.0	15.0	15.0	16.9	15.0	18.8
15.5	11.6	15.5	13.6	15.5	15.5	15.5	17.4	15.5	19.4
16.0	12.0	16.0	14.0	16.0	16.0	16.0	18.0	16.0	20.0
16.5	12.4	16.5	14.4	16.5	16.5	16.5	18.6	16.5	20.6
17.0	12.8	17.0	14.9	17.0	17.0	17.0	19.1	17.0	21.3
17.5	13.1	17.5	15.3	17.5	17.5	17.5	19.7	17.5	21.9
18.0	13.5	18.0	15.8	18.0	18.0	18.0	20.3	18.0	22.5
18.5	13.9	18.5	16.2	18.5	18.5	18.5	20.8	18.5	23.1
19.0	14.3	19.0	16.6	19.0	19.0	19.0	21.4	19.0	23.8
19.5	14.6	19.5	17.1	19.5	19.5	19.5	21.9	19.5	24.4
20.0	15.0	20.0	17.5	20.0	20.0	20.0	22.5	20.0	25.0
20.5	15.4	20.5	17.9	20.5	20.5	20.5	23.1	20.5	25.6
21.0	15.8	21.0	18.4	21.0	21.0	21.0	23.6	21.0	26.3
21.5	16.1	21.5	18.8	21.5	21.5	21.5	24.2	21.5	26.9
22.0	16.5	22.0	19.3	22.0	22.0	22.0	24.8	22.0	27.5
22.5	16.9	22.5	19.7	22.5	22.5	22.5	25.3	22.5	28.1
23.0	17.3	23.0	20.1	23.0	23.0	23.0	25.9	23.0	28.8
23.5	17.6	23.5	20.6	23.5	23.5	23.5	26.4	23.5	29.4
24.0	18.0	24.0	21.0	24.0	24.0	24.0	27.0	24.0	30.0
24.5	18.4	24.5	21.4	24.5	24.5	24.5	27.6	24.5	30.6
25.0	18.8	25.0	21.9	25.0	25.0	25.0	28.1	25.0	31.3
25.5	19.1	25.5	22.3	25.5	25.5	25.5	28.7	25.5	31.9

Board foot calculations

6/4 material

11 FEET LONG		12 FEET LONG		13 FEET LONG		14 FEET LONG		15 FEET LONG	
wdth "	BF	wdth "	BF	wdth "	BF	wdth "	BF	wdth "	BF
1.0	1.4	1.0	1.5	1.0	1.6	1.0	1.8	1.0	1.9
1.5	2.1	1.5	2.3	1.5	2.4	1.5	2.6	1.5	2.8
2.0	2.8	2.0	3.0	2.0	3.3	2.0	3.5	2.0	3.8
2.5	3.4	2.5	3.8	2.5	4.1	2.5	4.4	2.5	4.7
3.0	4.1	3.0	4.5	3.0	4.9	3.0	5.3	3.0	5.6
3.5	4.8	3.5	5.3	3.5	5.7	3.5	6.1	3.5	6.6
4.0	5.5	4.0	6.0	4.0	6.5	4.0	7.0	4.0	7.5
4.5	6.2	4.5	6.8	4.5	7.3	4.5	7.9	4.5	8.4
5.0	6.9	5.0	7.5	5.0	8.1	5.0	8.8	5.0	9.4
5.5	7.6	5.5	8.3	5.5	8.9	5.5	9.6	5.5	10.3
6.0	8.3	6.0	9.0	6.0	9.8	6.0	10.5	6.0	11.3
6.5	8.9	6.5	9.8	6.5	10.6	6.5	11.4	6.5	12.2
7.0	9.6	7.0	10.5	7.0	11.4	7.0	12.3	7.0	13.1
7.5	10.3	7.5	11.3	7.5	12.2	7.5	13.1	7.5	14.1
8.0	11.0	8.0	12.0	8.0	13.0	8.0	14.0	8.0	15.0
8.5	11.7	8.5	12.8	8.5	13.8	8.5	14.9	8.5	15.9
9.0	12.4	9.0	13.5	9.0	14.6	9.0	15.8	9.0	16.9
9.5	13.1	9.5	14.3	9.5	15.4	9.5	16.6	9.5	17.8
10.0	13.8	10.0	15.0	10.0	16.3	10.0	17.5	10.0	18.8
10.5	14.4	10.5	15.8	10.5	17.1	10.5	18.4	10.5	19.7
11.0	15.1	11.0	16.5	11.0	17.9	11.0	19.3	11.0	20.6
11.5	15.8	11.5	17.3	11.5	18.7	11.5	20.1	11.5	21.6
12.0	16.5	12.0	18.0	12.0	19.5	12.0	21.0	12.0	22.5
12.5	17.2	12.5	18.8	12.5	20.3	12.5	21.9	12.5	23.4
13.0	17.9	13.0	19.5	13.0	21.1	13.0	22.8	13.0	24.4

Board foot calculations

6/4 material

11 FEET LONG		12 FEET LONG		13 FEET LONG		14 FEET LONG		15 FEET LONG	
wdth "	BF	wdth "	BF	wdth "	BF	wdth "	BF	wdth "	BF
13.5	18.6	13.5	20.3	13.5	21.9	13.5	23.6	13.5	25.3
14.0	19.3	14.0	21.0	14.0	22.8	14.0	24.5	14.0	26.3
14.5	19.9	14.5	21.8	14.5	23.6	14.5	25.4	14.5	27.2
15.0	20.6	15.0	22.5	15.0	24.4	15.0	26.3	15.0	28.1
15.5	21.3	15.5	23.3	15.5	25.2	15.5	27.1	15.5	29.1
16.0	22.0	16.0	24.0	16.0	26.0	16.0	28.0	16.0	30.0
16.5	22.7	16.5	24.8	16.5	26.8	16.5	28.9	16.5	30.9
17.0	23.4	17.0	25.5	17.0	27.6	17.0	29.8	17.0	31.9
17.5	24.1	17.5	26.3	17.5	28.4	17.5	30.6	17.5	32.8
18.0	24.8	18.0	27.0	18.0	29.3	18.0	31.5	18.0	33.8
18.5	25.4	18.5	27.8	18.5	30.1	18.5	32.4	18.5	34.7
19.0	26.1	19.0	28.5	19.0	30.9	19.0	33.3	19.0	35.6
19.5	26.8	19.5	29.3	19.5	31.7	19.5	34.1	19.5	36.6
20.0	27.5	20.0	30.0	20.0	32.5	20.0	35.0	20.0	37.5
20.5	28.2	20.5	30.8	20.5	33.3	20.5	35.9	20.5	38.4
21.0	28.9	21.0	31.5	21.0	34.1	21.0	36.8	21.0	39.4
21.5	29.6	21.5	32.3	21.5	34.9	21.5	37.6	21.5	40.3
22.0	30.3	22.0	33.0	22.0	35.8	22.0	38.5	22.0	41.3
22.5	30.9	22.5	33.8	22.5	36.6	22.5	39.4	22.5	42.2
23.0	31.6	23.0	34.5	23.0	37.4	23.0	40.3	23.0	43.1
23.5	32.3	23.5	35.3	23.5	38.2	23.5	41.1	23.5	44.1
24.0	33.0	24.0	36.0	24.0	39.0	24.0	42.0	24.0	45.0
24.5	33.7	24.5	36.8	24.5	39.8	24.5	42.9	24.5	45.9
25.0	34.4	25.0	37.5	25.0	40.6	25.0	43.8	25.0	46.9
25.5	35.1	25.5	38.3	25.5	41.4	25.5	44.6	25.5	47.8

Board foot calculations

6/4 material

16 FEET LONG		17 FEET LONG		18 FEET LONG		19 FEET LONG		20 FEET LONG	
wdth "	BF	wdth "	BF	wdth "	BF	wdth "	BF	wdth "	BF
1.0	2	1.0	2.1	1.0	2.3	1.0	2.4	1.0	2.5
1.5	3.0	1.5	3.2	1.5	3.4	1.5	3.6	1.5	3.8
2.0	4.0	2.0	4.3	2.0	4.5	2.0	4.8	2.0	5.0
2.5	5.0	2.5	5.3	2.5	5.6	2.5	5.9	2.5	6.3
3.0	6.0	3.0	6.4	3.0	6.8	3.0	7.1	3.0	7.5
3.5	7.0	3.5	7.4	3.5	7.9	3.5	8.3	3.5	8.8
4.0	8.0	4.0	8.5	4.0	9.0	4.0	9.5	4.0	10.0
4.5	9.0	4.5	9.6	4.5	10.1	4.5	10.7	4.5	11.3
5.0	10.0	5.0	10.6	5.0	11.3	5.0	11.9	5.0	12.5
5.5	11.0	5.5	11.7	5.5	12.4	5.5	13.1	5.5	13.8
6.0	12.0	6.0	12.8	6.0	13.5	6.0	14.3	6.0	15.0
6.5	13.0	6.5	13.8	6.5	14.6	6.5	15.4	6.5	16.3
7.0	14.0	7.0	14.9	7.0	15.8	7.0	16.6	7.0	17.5
7.5	15.0	7.5	15.9	7.5	16.9	7.5	17.8	7.5	18.8
8.0	16.0	8.0	17.0	8.0	18.0	8.0	19.0	8.0	20.0
8.5	17.0	8.5	18.1	8.5	19.1	8.5	20.2	8.5	21.3
9.0	18.0	9.0	19.1	9.0	20.3	9.0	21.4	9.0	22.5
9.5	19.0	9.5	20.2	9.5	21.4	9.5	22.6	9.5	23.8
10.0	20.0	10.0	21.3	10.0	22.5	10.0	23.8	10.0	25.0
10.5	21.0	10.5	22.3	10.5	23.6	10.5	24.9	10.5	26.3
11.0	22.0	11.0	23.4	11.0	24.8	11.0	26.1	11.0	27.5
11.5	23.0	11.5	24.4	11.5	25.9	11.5	27.3	11.5	28.8
12.0	24.0	12.0	25.5	12.0	27.0	12.0	28.5	12.0	30.0
12.5	25.0	12.5	26.6	12.5	28.1	12.5	29.7	12.5	31.3
13.0	26.0	13.0	27.6	13.0	29.3	13.0	30.9	13.0	32.5

Board foot calculations

6/4 material

16 FEET LONG		17 FEET LONG		18 FEET LONG		19 FEET LONG		20 FEET LONG	
wdth "	BF	wdth "	BF	wdth "	BF	wdth "	BF	wdth "	BF
13.5	27.0	13.5	28.7	13.5	30.4	13.5	32.1	13.5	33.8
14.0	28.0	14.0	29.8	14.0	31.5	14.0	33.3	14.0	35.0
14.5	29.0	14.5	30.8	14.5	32.6	14.5	34.4	14.5	36.3
15.0	30.0	15.0	31.9	15.0	33.8	15.0	35.6	15.0	37.5
15.5	31.0	15.5	32.9	15.5	34.9	15.5	36.8	15.5	38.8
16.0	32.0	16.0	34.0	16.0	36.0	16.0	38.0	16.0	40.0
16.5	33.0	16.5	35.1	16.5	37.1	16.5	39.2	16.5	41.3
17.0	34.0	17.0	36.1	17.0	38.3	17.0	40.4	17.0	42.5
17.5	35.0	17.5	37.2	17.5	39.4	17.5	41.6	17.5	43.8
18.0	36.0	18.0	38.3	18.0	40.5	18.0	42.8	18.0	45.0
18.5	37.0	18.5	39.3	18.5	41.6	18.5	43.9	18.5	46.3
19.0	38.0	19.0	40.4	19.0	42.8	19.0	45.1	19.0	47.5
19.5	39.0	19.5	41.4	19.5	43.9	19.5	46.3	19.5	48.8
20.0	40.0	20.0	42.5	20.0	45.0	20.0	47.5	20.0	50.0
20.5	41.0	20.5	43.6	20.5	46.1	20.5	48.7	20.5	51.3
21.0	42.0	21.0	44.6	21.0	47.3	21.0	49.9	21.0	52.5
21.5	43.0	21.5	45.7	21.5	48.4	21.5	51.1	21.5	53.8
22.0	44.0	22.0	46.8	22.0	49.5	22.0	52.3	22.0	55.0
22.5	45.0	22.5	47.8	22.5	50.6	22.5	53.4	22.5	56.3
23.0	46.0	23.0	48.9	23.0	51.8	23.0	54.6	23.0	57.5
23.5	47.0	23.5	49.9	23.5	52.9	23.5	55.8	23.5	58.8
24.0	48.0	24.0	51.0	24.0	54.0	24.0	57.0	24.0	60.0
24.5	49.0	24.5	52.1	24.5	55.1	24.5	58.2	24.5	61.3
25.0	50.0	25.0	53.1	25.0	56.3	25.0	59.4	25.0	62.5
25.5	51.0	25.5	54.2	25.5	57.4	25.5	60.6	25.5	63.8

Board foot calculations

8/4 material

1 FOOT LONG		2 FEET LONG		3 FEET LONG		4 FEET LONG		5 FEET LONG	
wdth "	BF	wdth "	BF	wdth "	BF	wdth "	BF	wdth "	BF
1.0	0.2	1.0	0.3	1.0	0.5	1.0	0.7	1.0	0.8
1.5	0.3	1.5	0.5	1.5	0.8	1.5	1.0	1.5	1.3
2.0	0.3	2.0	0.7	2.0	1.0	2.0	1.3	2.0	1.7
2.5	0.4	2.5	0.8	2.5	1.3	2.5	1.7	2.5	2.1
3.0	0.5	3.0	1.0	3.0	1.5	3.0	2.0	3.0	2.5
3.5	0.6	3.5	1.2	3.5	1.8	3.5	2.3	3.5	2.9
4.0	0.7	4.0	1.3	4.0	2.0	4.0	2.7	4.0	3.3
4.5	0.8	4.5	1.5	4.5	2.3	4.5	3.0	4.5	3.8
5.0	0.8	5.0	1.7	5.0	2.5	5.0	3.3	5.0	4.2
5.5	0.9	5.5	1.8	5.5	2.8	5.5	3.7	5.5	4.6
6.0	1.0	6.0	2.0	6.0	3.0	6.0	4.0	6.0	5.0
6.5	1.1	6.5	2.2	6.5	3.3	6.5	4.3	6.5	5.4
7.0	1.2	7.0	2.3	7.0	3.5	7.0	4.7	7.0	5.8
7.5	1.3	7.5	2.5	7.5	3.8	7.5	5.0	7.5	6.3
8.0	1.3	8.0	2.7	8.0	4.0	8.0	5.3	8.0	6.7
8.5	1.4	8.5	2.8	8.5	4.3	8.5	5.7	8.5	7.1
9.0	1.5	9.0	3.0	9.0	4.5	9.0	6.0	9.0	7.5
9.5	1.6	9.5	3.2	9.5	4.8	9.5	6.3	9.5	7.9
10.0	1.7	10.0	3.3	10.0	5.0	10.0	6.7	10.0	8.3
10.5	1.8	10.5	3.5	10.5	5.3	10.5	7.0	10.5	8.8
11.0	1.8	11.0	3.7	11.0	5.5	11.0	7.3	11.0	9.2
11.5	1.9	11.5	3.8	11.5	5.8	11.5	7.7	11.5	9.6
12.0	2.0	12.0	4.0	12.0	6.0	12.0	8.0	12.0	10.0
12.5	2.1	12.5	4.2	12.5	6.3	12.5	8.3	12.5	10.4
13.0	2.2	13.0	4.3	13.0	6.5	13.0	8.7	13.0	10.8

Board foot calculations

8/4 material

1 FOOT LONG		2 FEET LONG		3 FEET LONG		4 FEET LONG		5 FEET LONG	
wdth "	*BF*	*wdth* "	*BF*	*wdth* "	*BF*	*wdth* "	*BF*	*wdth* "	*BF*
13.5	2.3	13.5	4.5	13.5	6.8	13.5	9.0	13.5	11.3
14.0	2.3	14.0	4.7	14.0	7.0	14.0	9.3	14.0	11.7
14.5	2.4	14.5	4.8	14.5	7.3	14.5	9.7	14.5	12.1
15.0	2.5	15.0	5.0	15.0	7.5	15.0	10.0	15.0	12.5
15.5	2.6	15.5	5.2	15.5	7.8	15.5	10.3	15.5	12.9
16.0	2.7	16.0	5.3	16.0	8.0	16.0	10.7	16.0	13.3
16.5	2.8	16.5	5.5	16.5	8.3	16.5	11.0	16.5	13.8
17.0	2.8	17.0	5.7	17.0	8.5	17.0	11.3	17.0	14.2
17.5	2.9	17.5	5.8	17.5	8.8	17.5	11.7	17.5	14.6
18.0	3.0	18.0	6.0	18.0	9.0	18.0	12.0	18.0	15.0
18.5	3.1	18.5	6.2	18.5	9.3	18.5	12.3	18.5	15.4
19.0	3.2	19.0	6.3	19.0	9.5	19.0	12.7	19.0	15.8
19.5	3.3	19.5	6.5	19.5	9.8	19.5	13.0	19.5	16.3
20.0	3.3	20.0	6.7	20.0	10.0	20.0	13.3	20.0	16.7
20.5	3.4	20.5	6.8	20.5	10.3	20.5	13.7	20.5	17.1
21.0	3.5	21.0	7.0	21.0	10.5	21.0	14.0	21.0	17.5
21.5	3.6	21.5	7.2	21.5	10.8	21.5	14.3	21.5	17.9
22.0	3.7	22.0	7.3	22.0	11.0	22.0	14.7	22.0	18.3
22.5	3.8	22.5	7.5	22.5	11.3	22.5	15.0	22.5	18.8
23.0	3.8	23.0	7.7	23.0	11.5	23.0	15.3	23.0	19.2
23.5	3.9	23.5	7.8	23.5	11.8	23.5	15.7	23.5	19.6
24.0	4.0	24.0	8.0	24.0	12.0	24.0	16.0	24.0	20.0
24.5	4.1	24.5	8.2	24.5	12.3	24.5	16.3	24.5	20.4
25.0	4.2	25.0	8.3	25.0	12.5	25.0	16.7	25.0	20.8
25.5	4.3	25.5	8.5	25.5	12.8	25.5	17.0	25.5	21.3

Board foot calculations									
8/4 material									
6 FEET LONG		7 FEET LONG		8 FEET LONG		9 FEET LONG		10 FEET LONG	
wdth "	BF	wdth "	BF	wdth "	BF	wdth "	BF	wdth "	BF
1.0	1.0	1.0	1.2	1.0	1.3	1.0	1.5	1.0	1.7
1.5	1.5	1.5	1.8	1.5	2.0	1.5	2.3	1.5	2.5
2.0	2.0	2.0	2.3	2.0	2.7	2.0	3.0	2.0	3.3
2.5	2.5	2.5	2.9	2.5	3.3	2.5	3.8	2.5	4.2
3.0	3.0	3.0	3.5	3.0	4.0	3.0	4.5	3.0	5.0
3.5	3.5	3.5	4.1	3.5	4.7	3.5	5.3	3.5	5.8
4.0	4.0	4.0	4.7	4.0	5.3	4.0	6.0	4.0	6.7
4.5	4.5	4.5	5.3	4.5	6.0	4.5	6.8	4.5	7.5
5.0	5.0	5.0	5.8	5.0	6.7	5.0	7.5	5.0	8.3
5.5	5.5	5.5	6.4	5.5	7.3	5.5	8.3	5.5	9.2
6.0	6.0	6.0	7.0	6.0	8.0	6.0	9.0	6.0	10.0
6.5	6.5	6.5	7.6	6.5	8.7	6.5	9.8	6.5	10.8
7.0	7.0	7.0	8.2	7.0	9.3	7.0	10.5	7.0	11.7
7.5	7.5	7.5	8.8	7.5	10.0	7.5	11.3	7.5	12.5
8.0	8.0	8.0	9.3	8.0	10.7	8.0	12.0	8.0	13.3
8.5	8.5	8.5	9.9	8.5	11.3	8.5	12.8	8.5	14.2
9.0	9.0	9.0	10.5	9.0	12.0	9.0	13.5	9.0	15.0
9.5	9.5	9.5	11.1	9.5	12.7	9.5	14.3	9.5	15.8
10.0	10.0	10.0	11.7	10.0	13.3	10.0	15.0	10.0	16.7
10.5	10.5	10.5	12.3	10.5	14.0	10.5	15.8	10.5	17.5
11.0	11.0	11.0	12.8	11.0	14.7	11.0	16.5	11.0	18.3
11.5	11.5	11.5	13.4	11.5	15.3	11.5	17.3	11.5	19.2
12.0	12.0	12.0	14.0	12.0	16.0	12.0	18.0	12.0	20.0
12.5	12.5	12.5	14.6	12.5	16.7	12.5	18.8	12.5	20.8
13.0	13.0	13.0	15.2	13.0	17.3	13.0	19.5	13.0	21.7

Board foot calculations

8/4 material

6 FEET LONG		7 FEET LONG		8 FEET LONG		9 FEET LONG		10 FEET LONG	
wdth "	BF	wdth "	BF	wdth "	BF	wdth "	BF	wdth "	BF
13.5	13.5	13.5	15.8	13.5	18.0	13.5	20.3	13.5	22.5
14.0	14.0	14.0	16.3	14.0	18.7	14.0	21.0	14.0	23.3
14.5	14.5	14.5	16.9	14.5	19.3	14.5	21.8	14.5	24.2
15.0	15.0	15.0	17.5	15.0	20.0	15.0	22.5	15.0	25.0
15.5	15.5	15.5	18.1	15.5	20.7	15.5	23.3	15.5	25.8
16.0	16.0	16.0	18.7	16.0	21.3	16.0	24.0	16.0	26.7
16.5	16.5	16.5	19.3	16.5	22.0	16.5	24.8	16.5	27.5
17.0	17.0	17.0	19.8	17.0	22.7	17.0	25.5	17.0	28.3
17.5	17.5	17.5	20.4	17.5	23.3	17.5	26.3	17.5	29.2
18.0	18.0	18.0	21.0	18.0	24.0	18.0	27.0	18.0	30.0
18.5	18.5	18.5	21.6	18.5	24.7	18.5	27.8	18.5	30.8
19.0	19.0	19.0	22.2	19.0	25.3	19.0	28.5	19.0	31.7
19.5	19.5	19.5	22.8	19.5	26.0	19.5	29.3	19.5	32.5
20.0	20.0	20.0	23.3	20.0	26.7	20.0	30.0	20.0	33.3
20.5	20.5	20.5	23.9	20.5	27.3	20.5	30.8	20.5	34.2
21.0	21.0	21.0	24.5	21.0	28.0	21.0	31.5	21.0	35.0
21.5	21.5	21.5	25.1	21.5	28.7	21.5	32.3	21.5	35.8
22.0	22.0	22.0	25.7	22.0	29.3	22.0	33.0	22.0	36.7
22.5	22.5	22.5	26.3	22.5	30.0	22.5	33.8	22.5	37.5
23.0	23.0	23.0	26.8	23.0	30.7	23.0	34.5	23.0	38.3
23.5	23.5	23.5	27.4	23.5	31.3	23.5	35.3	23.5	39.2
24.0	24.0	24.0	28.0	24.0	32.0	24.0	36.0	24.0	40.0
24.5	24.5	24.5	28.6	24.5	32.7	24.5	36.8	24.5	40.8
25.0	25.0	25.0	29.2	25.0	33.3	25.0	37.5	25.0	41.7
25.5	25.5	25.5	29.8	25.5	34.0	25.5	38.3	25.5	42.5

Board foot calculations

8/4 material

11 FEET LONG		12 FEET LONG		13 FEET LONG		14 FEET LONG		15 FEET LONG	
wdth "	BF	wdth "	BF	wdth "	BF	wdth "	BF	wdth "	BF
1.0	1.8	1.0	2.0	1.0	2.2	1.0	2.3	1.0	2.5
1.5	2.8	1.5	3.0	1.5	3.3	1.5	3.5	1.5	3.8
2.0	3.7	2.0	4.0	2.0	4.3	2.0	4.7	2.0	5.0
2.5	4.6	2.5	5.0	2.5	5.4	2.5	5.8	2.5	6.3
3.0	5.5	3.0	6.0	3.0	6.5	3.0	7.0	3.0	7.5
3.5	6.4	3.5	7.0	3.5	7.6	3.5	8.2	3.5	8.8
4.0	7.3	4.0	8.0	4.0	8.7	4.0	9.3	4.0	10.0
4.5	8.3	4.5	9.0	4.5	9.8	4.5	10.5	4.5	11.3
5.0	9.2	5.0	10.0	5.0	10.8	5.0	11.7	5.0	12.5
5.5	10.1	5.5	11.0	5.5	11.9	5.5	12.8	5.5	13.8
6.0	11.0	6.0	12.0	6.0	13.0	6.0	14.0	6.0	15.0
6.5	11.9	6.5	13.0	6.5	14.1	6.5	15.2	6.5	16.3
7.0	12.8	7.0	14.0	7.0	15.2	7.0	16.3	7.0	17.5
7.5	13.8	7.5	15.0	7.5	16.3	7.5	17.5	7.5	18.8
8.0	14.7	8.0	16.0	8.0	17.3	8.0	18.7	8.0	20.0
8.5	15.6	8.5	17.0	8.5	18.4	8.5	19.8	8.5	21.3
9.0	16.5	9.0	18.0	9.0	19.5	9.0	21.0	9.0	22.5
9.5	17.4	9.5	19.0	9.5	20.6	9.5	22.2	9.5	23.8
10.0	18.3	10.0	20.0	10.0	21.7	10.0	23.3	10.0	25.0
10.5	19.3	10.5	21.0	10.5	22.8	10.5	24.5	10.5	26.3
11.0	20.2	11.0	22.0	11.0	23.8	11.0	25.7	11.0	27.5
11.5	21.1	11.5	23.0	11.5	24.9	11.5	26.8	11.5	28.8
12.0	22.0	12.0	24.0	12.0	26.0	12.0	28.0	12.0	30.0
12.5	22.9	12.5	25.0	12.5	27.1	12.5	29.2	12.5	31.3
13.0	23.8	13.0	26.0	13.0	28.2	13.0	30.3	13.0	32.5

Board foot calculations

8/4 material

11 FEET LONG		12 FEET LONG		13 FEET LONG		14 FEET LONG		15 FEET LONG	
wdth "	BF	wdth "	BF	wdth "	BF	wdth "	BF	wdth "	BF
13.5	24.8	13.5	27.0	13.5	29.3	13.5	31.5	13.5	33.8
14.0	25.7	14.0	28.0	14.0	30.3	14.0	32.7	14.0	35.0
14.5	26.6	14.5	29.0	14.5	31.4	14.5	33.8	14.5	36.3
15.0	27.5	15.0	30.0	15.0	32.5	15.0	35.0	15.0	37.5
15.5	28.4	15.5	31.0	15.5	33.6	15.5	36.2	15.5	38.8
16.0	29.3	16.0	32.0	16.0	34.7	16.0	37.3	16.0	40.0
16.5	30.3	16.5	33.0	16.5	35.8	16.5	38.5	16.5	41.3
17.0	31.2	17.0	34.0	17.0	36.8	17.0	39.7	17.0	42.5
17.5	32.1	17.5	35.0	17.5	37.9	17.5	40.8	17.5	43.8
18.0	33.0	18.0	36.0	18.0	39.0	18.0	42.0	18.0	45.0
18.5	33.9	18.5	37.0	18.5	40.1	18.5	43.2	18.5	46.3
19.0	34.8	19.0	38.0	19.0	41.2	19.0	44.3	19.0	47.5
19.5	35.8	19.5	39.0	19.5	42.3	19.5	45.5	19.5	48.8
20.0	36.7	20.0	40.0	20.0	43.3	20.0	46.7	20.0	50.0
20.5	37.6	20.5	41.0	20.5	44.4	20.5	47.8	20.5	51.3
21.0	38.5	21.0	42.0	21.0	45.5	21.0	49.0	21.0	52.5
21.5	39.4	21.5	43.0	21.5	46.6	21.5	50.2	21.5	53.8
22.0	40.3	22.0	44.0	22.0	47.7	22.0	51.3	22.0	55.0
22.5	41.3	22.5	45.0	22.5	48.8	22.5	52.5	22.5	56.3
23.0	42.2	23.0	46.0	23.0	49.8	23.0	53.7	23.0	57.5
23.5	43.1	23.5	47.0	23.5	50.9	23.5	54.8	23.5	58.8
24.0	44.0	24.0	48.0	24.0	52.0	24.0	56.0	24.0	60.0
24.5	44.9	24.5	49.0	24.5	53.1	24.5	57.2	24.5	61.3
25.0	45.8	25.0	50.0	25.0	54.2	25.0	58.3	25.0	62.5
25.5	46.8	25.5	51.0	25.5	55.3	25.5	59.5	25.5	63.8

Board foot calculations

8/4 material

16 FEET LONG		17 FEET LONG		18 FEET LONG		19 FEET LONG		20 FEET LONG	
wdth "	BF	wdth "	BF	wdth "	BF	wdth "	BF	wdth "	BF
1.0	2.7	1.0	2.8	1.0	3.0	1.0	3.2	1.0	3.3
1.5	4.0	1.5	4.3	1.5	4.5	1.5	4.8	1.5	5.0
2.0	5.3	2.0	5.7	2.0	6.0	2.0	6.3	2.0	6.7
2.5	6.7	2.5	7.1	2.5	7.5	2.5	7.9	2.5	8.3
3.0	8.0	3.0	8.5	3.0	9.0	3.0	9.5	3.0	10.0
3.5	9.3	3.5	9.9	3.5	10.5	3.5	11.1	3.5	11.7
4.0	10.7	4.0	11.3	4.0	12.0	4.0	12.7	4.0	13.3
4.5	12.0	4.5	12.8	4.5	13.5	4.5	14.3	4.5	15.0
5.0	13.3	5.0	14.2	5.0	15.0	5.0	15.8	5.0	16.7
5.5	14.7	5.5	15.6	5.5	16.5	5.5	17.4	5.5	18.3
6.0	16.0	6.0	17.0	6.0	18.0	6.0	19.0	6.0	20.0
6.5	17.3	6.5	18.4	6.5	19.5	6.5	20.6	6.5	21.7
7.0	18.7	7.0	19.8	7.0	21.0	7.0	22.2	7.0	23.3
7.5	20.0	7.5	21.3	7.5	22.5	7.5	23.8	7.5	25.0
8.0	21.3	8.0	22.7	8.0	24.0	8.0	25.3	8.0	26.7
8.5	22.7	8.5	24.1	8.5	25.5	8.5	26.9	8.5	28.3
9.0	24.0	9.0	25.5	9.0	27.0	9.0	28.5	9.0	30.0
9.5	25.3	9.5	26.9	9.5	28.5	9.5	30.1	9.5	31.7
10.0	26.7	10.0	28.3	10.0	30.0	10.0	31.7	10.0	33.3
10.5	28.0	10.5	29.8	10.5	31.5	10.5	33.3	10.5	35.0
11.0	29.3	11.0	31.2	11.0	33.0	11.0	34.8	11.0	36.7
11.5	30.7	11.5	32.6	11.5	34.5	11.5	36.4	11.5	38.3
12.0	32.0	12.0	34.0	12.0	36.0	12.0	38.0	12.0	40.0
12.5	33.3	12.5	35.4	12.5	37.5	12.5	39.6	12.5	41.7
13.0	34.7	13.0	36.8	13.0	39.0	13.0	41.2	13.0	43.3

Board foot calculations

8/4 material

16 FEET LONG		17 FEET LONG		18 FEET LONG		19 FEET LONG		20 FEET LONG	
wdth "	BF	wdth "	BF	wdth "	BF	wdth "	BF	wdth "	BF
13.5	36.0	13.5	38.3	13.5	40.5	13.5	42.8	13.5	45.0
14.0	37.3	14.0	39.7	14.0	42.0	14.0	44.3	14.0	46.7
14.5	38.7	14.5	41.1	14.5	43.5	14.5	45.9	14.5	48.3
15.0	40.0	15.0	42.5	15.0	45.0	15.0	47.5	15.0	50.0
15.5	41.3	15.5	43.9	15.5	46.5	15.5	49.1	15.5	51.7
16.0	42.7	16.0	45.3	16.0	48.0	16.0	50.7	16.0	53.3
16.5	44.0	16.5	46.8	16.5	49.5	16.5	52.3	16.5	55.0
17.0	45.3	17.0	48.2	17.0	51.0	17.0	53.8	17.0	56.7
17.5	46.7	17.5	49.6	17.5	52.5	17.5	55.4	17.5	58.3
18.0	48.0	18.0	51.0	18.0	54.0	18.0	57.0	18.0	60.0
18.5	49.3	18.5	52.4	18.5	55.5	18.5	58.6	18.5	61.7
19.0	50.7	19.0	53.8	19.0	57.0	19.0	60.2	19.0	63.3
19.5	52.0	19.5	55.3	19.5	58.5	19.5	61.8	19.5	65.0
20.0	53.3	20.0	56.7	20.0	60.0	20.0	63.3	20.0	66.7
20.5	54.7	20.5	58.1	20.5	61.5	20.5	64.9	20.5	68.3
21.0	56.0	21.0	59.5	21.0	63.0	21.0	66.5	21.0	70.0
21.5	57.3	21.5	60.9	21.5	64.5	21.5	68.1	21.5	71.7
22.0	58.7	22.0	62.3	22.0	66.0	22.0	69.7	22.0	73.3
22.5	60.0	22.5	63.8	22.5	67.5	22.5	71.3	22.5	75.0
23.0	61.3	23.0	65.2	23.0	69.0	23.0	72.8	23.0	76.7
23.5	62.7	23.5	66.6	23.5	70.5	23.5	74.4	23.5	78.3
24.0	64.0	24.0	68.0	24.0	72.0	24.0	76.0	24.0	80.0
24.5	65.3	24.5	69.4	24.5	73.5	24.5	77.6	24.5	81.7
25.0	66.7	25.0	70.8	25.0	75.0	25.0	79.2	25.0	83.3
25.5	68.0	25.5	72.3	25.5	76.5	25.5	80.8	25.5	85.0

Board foot calculations									
10/4 material									
1 FOOT LONG		2 FEET LONG		3 FEET LONG		4 FEET LONG		5 FEET LONG	
wdth "	BF	wdth "	BF	wdth "	BF	wdth "	BF	wdth "	BF
1.0	0.2	1.0	0.4	1.0	0.6	1.0	0.8	1.0	1.0
1.5	0.3	1.5	0.6	1.5	0.9	1.5	1.3	1.5	1.6
2.0	0.4	2.0	0.8	2.0	1.3	2.0	1.7	2.0	2.1
2.5	0.5	2.5	1.0	2.5	1.6	2.5	2.1	2.5	2.6
3.0	0.6	3.0	1.3	3.0	1.9	3.0	2.5	3.0	3.1
3.5	0.7	3.5	1.5	3.5	2.2	3.5	2.9	3.5	3.6
4.0	0.8	4.0	1.7	4.0	2.5	4.0	3.3	4.0	4.2
4.5	0.9	4.5	1.9	4.5	2.8	4.5	3.8	4.5	4.7
5.0	1.0	5.0	2.1	5.0	3.1	5.0	4.2	5.0	5.2
5.5	1.1	5.5	2.3	5.5	3.4	5.5	4.6	5.5	5.7
6.0	1.3	6.0	2.5	6.0	3.8	6.0	5.0	6.0	6.3
6.5	1.4	6.5	2.7	6.5	4.1	6.5	5.4	6.5	6.8
7.0	1.5	7.0	2.9	7.0	4.4	7.0	5.8	7.0	7.3
7.5	1.6	7.5	3.1	7.5	4.7	7.5	6.3	7.5	7.8
8.0	1.7	8.0	3.3	8.0	5.0	8.0	6.7	'8.0	8.3
8.5	1.8	8.5	3.5	8.5	5.3	8.5	7.1	8.5	8.9
9.0	1.9	9.0	3.8	9.0	5.6	9.0	7.5	9.0	9.4
9.5	2.0	9.5	4.0	9.5	5.9	9.5	7.9	9.5	9.9
10.0	2.1	10.0	4.2	10.0	6.3	10.0	8.3	10.0	10.4
10.5	2.2	10.5	4.4	10.5	6.6	10.5	8.8	10.5	10.9
11.0	2.3	11.0	4.6	11.0	6.9	11.0	9.2	11.0	11.5
11.5	2.4	11.5	4.8	11.5	7.2	11.5	9.6	11.5	12.0
12.0	2.5	12.0	5.0	12.0	7.5	12.0	10.0	12.0	12.5
12.5	2.6	12.5	5.2	12.5	7.8	12.5	10.4	12.5	13.0
13.0	2.7	13.0	5.4	13.0	8.1	13.0	10.8	13.0	13.5

Board foot calculations

10/4 material

1 FOOT LONG		2 FEET LONG		3 FEET LONG		4 FEET LONG		5 FEET LONG	
wdth "	BF	wdth "	BF	wdth "	BF	wdth "	BF	wdth "	BF
13.5	2.8	13.5	5.6	13.5	8.4	13.5	11.3	13.5	14.1
14.0	2.9	14.0	5.8	14.0	8.8	14.0	11.7	14.0	14.6
14.5	3.0	14.5	6.0	14.5	9.1	14.5	12.1	14.5	15.1
15.0	3.1	15.0	6.3	15.0	9.4	15.0	12.5	15.0	15.6
15.5	3.2	15.5	6.5	15.5	9.7	15.5	12.9	15.5	16.1
16.0	3.3	16.0	6.7	16.0	10.0	16.0	13.3	16.0	16.7
16.5	3.4	16.5	6.9	16.5	10.3	16.5	13.8	16.5	17.2
17.0	3.5	17.0	7.1	17.0	10.6	17.0	14.2	17.0	17.7
17.5	3.6	17.5	7.3	17.5	10.9	17.5	14.6	17.5	18.2
18.0	3.8	18.0	7.5	18.0	11.3	18.0	15.0	18.0	18.8
18.5	3.9	18.5	7.7	18.5	11.6	18.5	15.4	18.5	19.3
19.0	4.0	19.0	7.9	19.0	11.9	19.0	15.8	19.0	19.8
19.5	4.1	19.5	8.1	19.5	12.2	19.5	16.3	19.5	20.3
20.0	4.2	20.0	8.3	20.0	12.5	20.0	16.7	20.0	20.8
20.5	4.3	20.5	8.5	20.5	12.8	20.5	17.1	20.5	21.4
21.0	4.4	21.0	8.8	21.0	13.1	21.0	17.5	21.0	21.9
21.5	4.5	21.5	9.0	21.5	13.4	21.5	17.9	21.5	22.4
22.0	4.6	22.0	9.2	22.0	13.8	22.0	18.3	22.0	22.9
22.5	4.7	22.5	9.4	22.5	14.1	22.5	18.8	22.5	23.4
23.0	4.8	23.0	9.6	23.0	14.4	23.0	19.2	23.0	24.0
23.5	4.9	23.5	9.8	23.5	14.7	23.5	19.6	23.5	24.5
24.0	5.0	24.0	10.0	24.0	15.0	24.0	20.0	24.0	25.0
24.5	5.1	24.5	10.2	24.5	15.3	24.5	20.4	24.5	25.5
25.0	5.2	25.0	10.4	25.0	15.6	25.0	20.8	25.0	26.0
25.5	5.3	25.5	10.6	25.5	15.9	25.5	21.3	25.5	26.6

Board foot calculations

10/4 material

6 FEET LONG		7 FEET LONG		8 FEET LONG		9 FEET LONG		10 FEET LONG	
wdth "	BF	wdth "	BF	wdth "	BF	wdth "	BF	wdth "	BF
1.0	1.3	1.0	1.5	1.0	1.7	1.0	1.9	1.0	2.1
1.5	1.9	1.5	2.2	1.5	2.5	1.5	2.8	1.5	3.1
2.0	2.5	2.0	2.9	2.0	3.3	2.0	3.8	2.0	4.2
2.5	3.1	2.5	3.6	2.5	4.2	2.5	4.7	2.5	5.2
3.0	3.8	3.0	4.4	3.0	5.0	3.0	5.6	3.0	6.3
3.5	4.4	3.5	5.1	3.5	5.8	3.5	6.6	3.5	7.3
4.0	5.0	4.0	5.8	4.0	6.7	4.0	7.5	4.0	8.3
4.5	5.6	4.5	6.6	4.5	7.5	4.5	8.4	4.5	9.4
5.0	6.3	5.0	7.3	5.0	8.3	5.0	9.4	5.0	10.4
5.5	6.9	5.5	8.0	5.5	9.2	5.5	10.3	5.5	11.5
6.0	7.5	6.0	8.8	6.0	10.0	6.0	11.3	6.0	12.5
6.5	8.1	6.5	9.5	6.5	10.8	6.5	12.2	6.5	13.5
7.0	8.8	7.0	10.2	7.0	11.7	7.0	13.1	7.0	14.6
7.5	9.4	7.5	10.9	7.5	12.5	7.5	14.1	7.5	15.6
8.0	10.0	8.0	11.7	8.0	13.3	8.0	15.0	8.0	16.7
8.5	10.6	8.5	12.4	8.5	14.2	8.5	15.9	8.5	17.7
9.0	11.3	9.0	13.1	9.0	15.0	9.0	16.9	9.0	18.8
9.5	11.9	9.5	13.9	9.5	15.8	9.5	17.8	9.5	19.8
10.0	12.5	10.0	14.6	10.0	16.7	10.0	18.8	10.0	20.8
10.5	13.1	10.5	15.3	10.5	17.5	10.5	19.7	10.5	21.9
11.0	13.8	11.0	16.0	11.0	18.3	11.0	20.6	11.0	22.9
11.5	14.4	11.5	16.8	11.5	19.2	11.5	21.6	11.5	24.0
12.0	15.0	12.0	17.5	12.0	20.0	12.0	22.5	12.0	25.0
12.5	15.6	12.5	18.2	12.5	20.8	12.5	23.4	12.5	26.0
13.0	16.3	13.0	19.0	13.0	21.7	13.0	24.4	13.0	27.1

Board foot calculations

10/4 material

6 FEET LONG		7 FEET LONG		8 FEET LONG		9 FEET LONG		10 FEET LONG	
wdth "	BF	wdth "	BF	wdth "	BF	wdth "	BF	wdth "	BF
13.5	16.9	13.5	19.7	13.5	22.5	13.5	25.3	13.5	28.1
14.0	17.5	14.0	20.4	14.0	23.3	14.0	26.3	14.0	29.2
14.5	18.1	14.5	21.1	14.5	24.2	14.5	27.2	14.5	30.2
15.0	18.8	15.0	21.9	15.0	25.0	15.0	28.1	15.0	31.3
15.5	19.4	15.5	22.6	15.5	25.8	15.5	29.1	15.5	32.3
16.0	20.0	16.0	23.3	16.0	26.7	16.0	30.0	16.0	33.3
16.5	20.6	16.5	24.1	16.5	27.5	16.5	30.9	16.5	34.4
17.0	21.3	17.0	24.8	17.0	28.3	17.0	31.9	17.0	35.4
17.5	21.9	17.5	25.5	17.5	29.2	17.5	32.8	17.5	36.5
18.0	22.5	18.0	26.3	18.0	30.0	18.0	33.8	18.0	37.5
18.5	23.1	18.5	27.0	18.5	30.8	18.5	34.7	18.5	38.5
19.0	23.8	19.0	27.7	19.0	31.7	19.0	35.6	19.0	39.6
19.5	24.4	19.5	28.4	19.5	32.5	19.5	36.6	19.5	40.6
20.0	25.0	20.0	29.2	20.0	33.3	20.0	37.5	20.0	41.7
20.5	25.6	20.5	29.9	20.5	34.2	20.5	38.4	20.5	42.7
21.0	26.3	21.0	30.6	21.0	35.0	21.0	39.4	21.0	43.8
21.5	26.9	21.5	31.4	21.5	35.8	21.5	40.3	21.5	44.8
22.0	27.5	22.0	32.1	22.0	36.7	22.0	41.3	22.0	45.8
22.5	28.1	22.5	32.8	22.5	37.5	22.5	42.2	22.5	46.9
23.0	28.8	23.0	33.5	23.0	38.3	23.0	43.1	23.0	47.9
23.5	29.4	23.5	34.3	23.5	39.2	23.5	44.1	23.5	49.0
24.0	30.0	24.0	35.0	24.0	40.0	24.0	45.0	24.0	50.0
24.5	30.6	24.5	35.7	24.5	40.8	24.5	45.9	24.5	51.0
25.0	31.3	25.0	36.5	25.0	41.7	25.0	46.9	25.0	52.1
25.5	31.9	25.5	37.2	25.5	42.5	25.5	47.8	25.5	53.1

Board foot calculations

10/4 material

11 FEET LONG		12 FEET LONG		13 FEET LONG		14 FEET LONG		15 FEET LONG	
wdth "	BF	wdth "	BF	wdth "	BF	wdth "	BF	wdth "	BF
1.0	2.3	1.0	2.5	1.0	2.7	1.0	2.9	1.0	3.1
1.5	3.4	1.5	3.8	1.5	4.1	1.5	4.4	1.5	4.7
2.0	4.6	2.0	5.0	2.0	5.4	2.0	5.8	2.0	6.3
2.5	5.7	2.5	6.3	2.5	6.8	2.5	7.3	2.5	7.8
3.0	6.9	3.0	7.5	3.0	8.1	3.0	8.8	3.0	9.4
3.5	8.0	3.5	8.8	3.5	9.5	3.5	10.2	3.5	10.9
4.0	9.2	4.0	10.0	4.0	10.8	4.0	11.7	4.0	12.5
4.5	10.3	4.5	11.3	4.5	12.2	4.5	13.1	4.5	14.1
5.0	11.5	5.0	12.5	5.0	13.5	5.0	14.6	5.0	15.6
5.5	12.6	5.5	13.8	5.5	14.9	5.5	16.0	5.5	17.2
6.0	13.8	6.0	15.0	6.0	16.3	6.0	17.5	6.0	18.8
6.5	14.9	6.5	16.3	6.5	17.6	6.5	19.0	6.5	20.3
7.0	16.0	7.0	17.5	7.0	19.0	7.0	20.4	7.0	21.9
7.5	17.2	7.5	18.8	7.5	20.3	7.5	21.9	7.5	23.4
8.0	18.3	8.0	20.0	8.0	21.7	8.0	23.3	8.0	25.0
8.5	19.5	8.5	21.3	8.5	23.0	8.5	24.8	8.5	26.6
9.0	20.6	9.0	22.5	9.0	24.4	9.0	26.3	9.0	28.1
9.5	21.8	9.5	23.8	9.5	25.7	9.5	27.7	9.5	29.7
10.0	22.9	10.0	25.0	10.0	27.1	10.0	29.2	10.0	31.3
10.5	24.1	10.5	26.3	10.5	28.4	10.5	30.6	10.5	32.8
11.0	25.2	11.0	27.5	11.0	29.8	11.0	32.1	11.0	34.4
11.5	26.4	11.5	28.8	11.5	31.1	11.5	33.5	11.5	35.9
12.0	27.5	12.0	30.0	12.0	32.5	12.0	35.0	12.0	37.5
12.5	28.6	12.5	31.3	12.5	33.9	12.5	36.5	12.5	39.1
13.0	29.8	13.0	32.5	13.0	35.2	13.0	37.9	13.0	40.6

Board foot calculations

10/4 material

11 FEET LONG		12 FEET LONG		13 FEET LONG		14 FEET LONG		15 FEET LONG	
wdth "	BF	wdth "	BF	wdth "	BF	wdth "	BF	wdth "	BF
13.5	30.9	13.5	33.8	13.5	36.6	13.5	39.4	13.5	42.2
14.0	32.1	14.0	35.0	14.0	37.9	14.0	40.8	14.0	43.8
14.5	33.2	14.5	36.3	14.5	39.3	14.5	42.3	14.5	45.3
15.0	34.4	15.0	37.5	15.0	40.6	15.0	43.8	15.0	46.9
15.5	35.5	15.5	38.8	15.5	42.0	15.5	45.2	15.5	48.4
16.0	36.7	16.0	40.0	16.0	43.3	16.0	46.7	16.0	50.0
16.5	37.8	16.5	41.3	16.5	44.7	16.5	48.1	16.5	51.6
17.0	39.0	17.0	42.5	17.0	46.0	17.0	49.6	17.0	53.1
17.5	40.1	17.5	43.8	17.5	47.4	17.5	51.0	17.5	54.7
18.0	41.3	18.0	45.0	18.0	48.8	18.0	52.5	18.0	56.3
18.5	42.4	18.5	46.3	18.5	50.1	18.5	54.0	18.5	57.8
19.0	43.5	19.0	47.5	19.0	51.5	19.0	55.4	19.0	59.4
19.5	44.7	19.5	48.8	19.5	52.8	19.5	56.9	19.5	60.9
20.0	45.8	20.0	50.0	20.0	54.2	20.0	58.3	20.0	62.5
20.5	47.0	20.5	51.3	20.5	55.5	20.5	59.8	20.5	64.1
21.0	48.1	21.0	52.5	21.0	56.9	21.0	61.3	21.0	65.6
21.5	49.3	21.5	53.8	21.5	58.2	21.5	62.7	21.5	67.2
22.0	50.4	22.0	55.0	22.0	59.6	22.0	64.2	22.0	68.8
22.5	51.6	22.5	56.3	22.5	60.9	22.5	65.6	22.5	70.3
23.0	52.7	23.0	57.5	23.0	62.3	23.0	67.1	23.0	71.9
23.5	53.9	23.5	58.8	23.5	63.6	23.5	68.5	23.5	73.4
24.0	55.0	24.0	60.0	24.0	65.0	24.0	70.0	24.0	75.0
24.5	56.1	24.5	61.3	24.5	66.4	24.5	71.5	24.5	76.6
25.0	57.3	25.0	62.5	25.0	67.7	25.0	72.9	25.0	78.1
25.5	58.4	25.5	63.8	25.5	69.1	25.5	74.4	25.5	79.7

Board foot calculations

10/4 material

16 FEET LONG		17 FEET LONG		18 FEET LONG		19 FEET LONG		20 FEET LONG	
wdth "	BF	wdth "	BF	wdth "	BF	wdth "	BF	wdth "	BF
1.0	3.3	1.0	3.5	1.0	3.8	1.0	4.0	1.0	4.2
1.5	5.0	1.5	5.3	1.5	5.6	1.5	5.9	1.5	6.3
2.0	6.7	2.0	7.1	2.0	7.5	2.0	7.9	2.0	8.3
2.5	8.3	2.5	8.9	2.5	9.4	2.5	9.9	2.5	10.4
3.0	10.0	3.0	10.6	3.0	11.3	3.0	11.9	3.0	12.5
3.5	11.7	3.5	12.4	3.5	13.1	3.5	13.9	3.5	14.6
4.0	13.3	4.0	14.2	4.0	15.0	4.0	15.8	4.0	16.7
4.5	15.0	4.5	15.9	4.5	16.9	4.5	17.8	4.5	18.8
5.0	16.7	5.0	17.7	5.0	18.8	5.0	19.8	5.0	20.8
5.5	18.3	5.5	19.5	5.5	20.6	5.5	21.8	5.5	22.9
6.0	20.0	6.0	21.3	6.0	22.5	6.0	23.8	6.0	25.0
6.5	21.7	6.5	23.0	6.5	24.4	6.5	25.7	6.5	27.1
7.0	23.3	7.0	24.8	7.0	26.3	7.0	27.7	7.0	29.2
7.5	25.0	7.5	26.6	7.5	28.1	7.5	29.7	7.5	31.3
8.0	26.7	8.0	28.3	8.0	30.0	8.0	31.7	8.0	33.3
8.5	28.3	8.5	30.1	8.5	31.9	8.5	33.6	8.5	35.4
9.0	30.0	9.0	31.9	9.0	33.8	9.0	35.6	9.0	37.5
9.5	31.7	9.5	33.6	9.5	35.6	9.5	37.6	9.5	39.6
10.0	33.3	10.0	35.4	10.0	37.5	10.0	39.6	10.0	41.7
10.5	35.0	10.5	37.2	10.5	39.4	10.5	41.6	10.5	43.8
11.0	36.7	11.0	39.0	11.0	41.3	11.0	43.5	11.0	45.8
11.5	38.3	11.5	40.7	11.5	43.1	11.5	45.5	11.5	47.9
12.0	40.0	12.0	42.5	12.0	45.0	12.0	47.5	12.0	50.0
12.5	41.7	12.5	44.3	12.5	46.9	12.5	49.5	12.5	52.1
13.0	43.3	13.0	46.0	13.0	48.8	13.0	51.5	13.0	54.2

Board foot calculations

10/4 material

16 FEET LONG		17 FEET LONG		18 FEET LONG		19 FEET LONG		20 FEET LONG	
wdth "	BF	wdth "	BF	wdth "	BF	wdth "	BF	wdth "	BF
13.5	45.0	13.5	47.8	13.5	50.6	13.5	53.4	13.5	56.3
14.0	46.7	14.0	49.6	14.0	52.5	14.0	55.4	14.0	58.3
14.5	48.3	14.5	51.4	14.5	54.4	14.5	57.4	14.5	60.4
15.0	50.0	15.0	53.1	15.0	56.3	15.0	59.4	15.0	62.5
15.5	51.7	15.5	54.9	15.5	58.1	15.5	61.4	15.5	64.6
16.0	53.3	16.0	56.7	16.0	60.0	16.0	63.3	16.0	66.7
16.5	55.0	16.5	58.4	16.5	61.9	16.5	65.3	16.5	68.8
17.0	56.7	17.0	60.2	17.0	63.8	17.0	67.3	17.0	70.8
17.5	58.3	17.5	62.0	17.5	65.6	17.5	69.3	17.5	72.9
18.0	60.0	18.0	63.8	18.0	67.5	18.0	71.3	18.0	75.0
18.5	61.7	18.5	65.5	18.5	69.4	18.5	73.2	18.5	77.1
19.0	63.3	19.0	67.3	19.0	71.3	19.0	75.2	19.0	79.2
19.5	65.0	19.5	69.1	19.5	73.1	19.5	77.2	19.5	81.3
20.0	66.7	20.0	70.8	20.0	75.0	20.0	79.2	20.0	83.3
20.5	68.3	20.5	72.6	20.5	76.9	20.5	81.1	20.5	85.4
21.0	70.0	21.0	74.4	21.0	78.8	21.0	83.1	21.0	87.5
21.5	71.7	21.5	76.1	21.5	80.6	21.5	85.1	21.5	89.6
22.0	73.3	22.0	77.9	22.0	82.5	22.0	87.1	22.0	91.7
22.5	75.0	22.5	79.7	22.5	84.4	22.5	89.1	22.5	93.8
23.0	76.7	23.0	81.5	23.0	86.3	23.0	91.0	23.0	95.8
23.5	78.3	23.5	83.2	23.5	88.1	23.5	93.0	23.5	97.9
24.0	80.0	24.0	85.0	24.0	90.0	24.0	95.0	24.0	100.0
24.5	81.7	24.5	86.8	24.5	91.9	24.5	97.0	24.5	102.1
25.0	83.3	25.0	88.5	25.0	93.8	25.0	99.0	25.0	104.2
25.5	85.0	25.5	90.3	25.5	95.6	25.5	100.9	25.5	106.3

Board foot calculations

12/4 material

1 FOOT LONG		2 FEET LONG		3 FEET LONG		4 FEET LONG		5 FEET LONG	
wdth "	BF	wdth "	BF	wdth "	BF	wdth "	BF	wdth "	BF
1.0	0.3	1.0	0.5	1.0	0.8	1.0	1.0	1.0	1.3
1.5	0.4	1.5	0.8	1.5	1.1	1.5	1.5	1.5	1.9
2.0	0.5	2.0	1.0	2.0	1.5	2.0	2.0	2.0	2.5
2.5	0.6	2.5	1.3	2.5	1.9	2.5	2.5	2.5	3.1
3.0	0.8	3.0	1.5	3.0	2.3	3.0	3.0	3.0	3.8
3.5	0.9	3.5	1.8	3.5	2.6	3.5	3.5	3.5	4.4
4.0	1.0	4.0	2.0	4.0	3.0	4.0	4.0	4.0	5.0
4.5	1.1	4.5	2.3	4.5	3.4	4.5	4.5	4.5	5.6
5.0	1.3	5.0	2.5	5.0	3.8	5.0	5.0	5.0	6.3
5.5	1.4	5.5	2.8	5.5	4.1	5.5	5.5	5.5	6.9
6.0	1.5	6.0	3.0	6.0	4.5	6.0	6.0	6.0	7.5
6.5	1.6	6.5	3.3	6.5	4.9	6.5	6.5	6.5	8.1
7.0	1.8	7.0	3.5	7.0	5.3	7.0	7.0	7.0	8.8
7.5	1.9	7.5	3.8	7.5	5.6	7.5	7.5	7.5	9.4
8.0	2.0	8.0	4.0	8.0	6.0	8.0	8.0	8.0	10.0
8.5	2.1	8.5	4.3	8.5	6.4	8.5	8.5	8.5	10.6
9.0	2.3	9.0	4.5	9.0	6.8	9.0	9.0	9.0	11.3
9.5	2.4	9.5	4.8	9.5	7.1	9.5	9.5	9.5	11.9
10.0	2.5	10.0	5.0	10.0	7.5	10.0	10.0	10.0	12.5
10.5	2.6	10.5	5.3	10.5	7.9	10.5	10.5	10.5	13.1
11.0	2.8	11.0	5.5	11.0	8.3	11.0	11.0	11.0	13.8
11.5	2.9	11.5	5.8	11.5	8.6	11.5	11.5	11.5	14.4
12.0	3.0	12.0	6.0	12.0	9.0	12.0	12.0	12.0	15.0
12.5	3.1	12.5	6.3	12.5	9.4	12.5	12.5	12.5	15.6
13.0	3.3	13.0	6.5	13.0	9.8	13.0	13.0	13.0	16.3

Board foot calculations

12/4 material

1 FOOT LONG		2 FEET LONG		3 FEET LONG		4 FEET LONG		5 FEET LONG	
wdth "	BF	wdth "	BF	wdth "	BF	wdth "	BF	wdth "	BF
13.5	3.4	13.5	6.8	13.5	10.1	13.5	13.5	13.5	16.9
14.0	3.5	14.0	7.0	14.0	10.5	14.0	14.0	14.0	17.5
14.5	3.6	14.5	7.3	14.5	10.9	14.5	14.5	14.5	18.1
15.0	3.8	15.0	7.5	15.0	11.3	15.0	15.0	15.0	18.8
15.5	3.9	15.5	7.8	15.5	11.6	15.5	15.5	15.5	19.4
16.0	4.0	16.0	8.0	16.0	12.0	16.0	16.0	16.0	20.0
16.5	4.1	16.5	8.3	16.5	12.4	16.5	16.5	16.5	20.6
17.0	4.3	17.0	8.5	17.0	12.8	17.0	17.0	17.0	21.3
17.5	4.4	17.5	8.8	17.5	13.1	17.5	17.5	17.5	21.9
18.0	4.5	18.0	9.0	18.0	13.5	18.0	18.0	18.0	22.5
18.5	4.6	18.5	9.3	18.5	13.9	18.5	18.5	18.5	23.1
19.0	4.8	19.0	9.5	19.0	14.3	19.0	19.0	19.0	23.8
19.5	4.9	19.5	9.8	19.5	14.6	19.5	19.5	19.5	24.4
20.0	5.0	20.0	10.0	20.0	15.0	20.0	20.0	20.0	25.0
20.5	5.1	20.5	10.3	20.5	15.4	20.5	20.5	20.5	25.6
21.0	5.3	21.0	10.5	21.0	15.8	21.0	21.0	21.0	26.3
21.5	5.4	21.5	10.8	21.5	16.1	21.5	21.5	21.5	26.9
22.0	5.5	22.0	11.0	22.0	16.5	22.0	22.0	22.0	27.5
22.5	5.6	22.5	11.3	22.5	16.9	22.5	22.5	22.5	28.1
23.0	5.8	23.0	11.5	23.0	17.3	23.0	23.0	23.0	28.8
23.5	5.9	23.5	11.8	23.5	17.6	23.5	23.5	23.5	29.4
24.0	6.0	24.0	12.0	24.0	18.0	24.0	24.0	24.0	30.0
24.5	6.1	24.5	12.3	24.5	18.4	24.5	24.5	24.5	30.6
25.0	6.3	25.0	12.5	25.0	18.8	25.0	25.0	25.0	31.3
25.5	6.4	25.5	12.8	25.5	19.1	25.5	25.5	25.5	31.9

Board foot calculations

12/4 material

6 FEET LONG		7 FEET LONG		8 FEET LONG		9 FEET LONG		10 FEET LONG	
wdth "	BF	wdth "	BF	wdth "	BF	wdth "	BF	wdth "	BF
1.0	1.5	1.0	1.8	1.0	2.0	1.0	2.3	1.0	2.5
1.5	2.3	1.5	2.6	1.5	3.0	1.5	3.4	1.5	3.8
2.0	3.0	2.0	3.5	2.0	4.0	2.0	4.5	2.0	5.0
2.5	3.8	2.5	4.4	2.5	5.0	2.5	5.6	2.5	6.3
3.0	4.5	3.0	5.3	3.0	6.0	3.0	6.8	3.0	7.5
3.5	5.3	3.5	6.1	3.5	7.0	3.5	7.9	3.5	8.8
4.0	6.0	4.0	7.0	4.0	8.0	4.0	9.0	4.0	10.0
4.5	6.8	4.5	7.9	4.5	9.0	4.5	10.1	4.5	11.3
5.0	7.5	5.0	8.8	5.0	10.0	5.0	11.3	5.0	12.5
5.5	8.3	5.5	9.6	5.5	11.0	5.5	12.4	5.5	13.8
6.0	9.0	6.0	10.5	6.0	12.0	6.0	13.5	6.0	15.0
6.5	9.8	6.5	11.4	6.5	13.0	6.5	14.6	6.5	16.3
7.0	10.5	7.0	12.3	7.0	14.0	7.0	15.8	7.0	17.5
7.5	11.3	7.5	13.1	7.5	15.0	7.5	16.9	7.5	18.8
8.0	12.0	8.0	14.0	8.0	16.0	8.0	18.0	8.0	20.0
8.5	12.8	8.5	14.9	8.5	17.0	8.5	19.1	8.5	21.3
9.0	13.5	9.0	15.8	9.0	18.0	9.0	20.3	9.0	22.5
9.5	14.3	9.5	16.6	9.5	19.0	9.5	21.4	9.5	23.8
10.0	15.0	10.0	17.5	10.0	20.0	10.0	22.5	10.0	25.0
10.5	15.8	10.5	18.4	10.5	21.0	10.5	23.6	10.5	26.3
11.0	16.5	11.0	19.3	11.0	22.0	11.0	24.8	11.0	27.5
11.5	17.3	11.5	20.1	11.5	23.0	11.5	25.9	11.5	28.8
12.0	18.0	12.0	21.0	12.0	24.0	12.0	27.0	12.0	30.0
12.5	18.8	12.5	21.9	12.5	25.0	12.5	28.1	12.5	31.3
13.0	19.5	13.0	22.8	13.0	26.0	13.0	29.3	13.0	32.5

Board foot calculations									
12/4 material									
6 FEET LONG		7 FEET LONG		8 FEET LONG		9 FEET LONG		10 FEET LONG	
wdth "	BF	wdth "	BF	wdth "	BF	wdth "	BF	wdth "	BF
13.5	20.3	13.5	23.6	13.5	27.0	13.5	30.4	13.5	33.8
14.0	21.0	14.0	24.5	14.0	28.0	14.0	31.5	14.0	35.0
14.5	21.8	14.5	25.4	14.5	29.0	14.5	32.6	14.5	36.3
15.0	22.5	15.0	26.3	15.0	30.0	15.0	33.8	15.0	37.5
15.5	23.3	15.5	27.1	15.5	31.0	15.5	34.9	15.5	38.8
16.0	24.0	16.0	28.0	16.0	32.0	16.0	36.0	16.0	40.0
16.5	24.8	16.5	28.9	16.5	33.0	16.5	37.1	16.5	41.3
17.0	25.5	17.0	29.8	17.0	34.0	17.0	38.3	17.0	42.5
17.5	26.3	17.5	30.6	17.5	35.0	17.5	39.4	17.5	43.8
18.0	27.0	18.0	31.5	18.0	36.0	18.0	40.5	18.0	45.0
18.5	27.8	18.5	32.4	18.5	37.0	18.5	41.6	18.5	46.3
19.0	28.5	19.0	33.3	19.0	38.0	19.0	42.8	19.0	47.5
19.5	29.3	19.5	34.1	19.5	39.0	19.5	43.9	19.5	48.8
20.0	30.0	20.0	35.0	20.0	40.0	20.0	45.0	20.0	50.0
20.5	30.8	20.5	35.9	20.5	41.0	20.5	46.1	20.5	51.3
21.0	31.5	21.0	36.8	21.0	42.0	21.0	47.3	21.0	52.5
21.5	32.3	21.5	37.6	21.5	43.0	21.5	48.4	21.5	53.8
22.0	33.0	22.0	38.5	22.0	44.0	22.0	49.5	22.0	55.0
22.5	33.8	22.5	39.4	22.5	45.0	22.5	50.6	22.5	56.3
23.0	34.5	23.0	40.3	23.0	46.0	23.0	51.8	23.0	57.5
23.5	35.3	23.5	41.1	23.5	47.0	23.5	52.9	23.5	58.8
24.0	36.0	24.0	42.0	24.0	48.0	24.0	54.0	24.0	60.0
24.5	36.8	24.5	42.9	24.5	49.0	24.5	55.1	24.5	61.3
25.0	37.5	25.0	43.8	25.0	50.0	25.0	56.3	25.0	62.5
25.5	38.3	25.5	44.6	25.5	51.0	25.5	57.4	25.5	63.8

Board foot calculations

12/4 material

11 FEET LONG		12 FEET LONG		13 FEET LONG		14 FEET LONG		15 FEET LONG	
wdth "	BF	wdth "	BF	wdth "	BF	wdth "	BF	wdth "	BF
1.0	2.8	1.0	3.0	1.0	3.3	1.0	3.5	1.0	3.8
1.5	4.1	1.5	4.5	1.5	4.9	1.5	5.3	1.5	5.6
2.0	5.5	2.0	6.0	2.0	6.5	2.0	7.0	2.0	7.5
2.5	6.9	2.5	7.5	2.5	8.1	2.5	8.8	2.5	9.4
3.0	8.3	3.0	9.0	3.0	9.8	3.0	10.5	3.0	11.3
3.5	9.6	3.5	10.5	3.5	11.4	3.5	12.3	3.5	13.1
4.0	11.0	4.0	12.0	4.0	13.0	4.0	14.0	4.0	15.0
4.5	12.4	4.5	13.5	4.5	14.6	4.5	15.8	4.5	16.9
5.0	13.8	5.0	15.0	5.0	16.3	5.0	17.5	5.0	18.8
5.5	15.1	5.5	16.5	5.5	17.9	5.5	19.3	5.5	20.6
6.0	16.5	6.0	18.0	6.0	19.5	6.0	21.0	6.0	22.5
6.5	17.9	6.5	19.5	6.5	21.1	6.5	22.8	6.5	24.4
7.0	19.3	7.0	21.0	7.0	22.8	7.0	24.5	7.0	26.3
7.5	20.6	7.5	22.5	7.5	24.4	7.5	26.3	7.5	28.1
8.0	22.0	8.0	24.0	8.0	26.0	8.0	28.0	8.0	30.0
8.5	23.4	8.5	25.5	8.5	27.6	8.5	29.8	8.5	31.9
9.0	24.8	9.0	27.0	9.0	29.3	9.0	31.5	9.0	33.8
9.5	26.1	9.5	28.5	9.5	30.9	9.5	33.3	9.5	35.6
10.0	27.5	10.0	30.0	10.0	32.5	10.0	35.0	10.0	37.5
10.5	28.9	10.5	31.5	10.5	34.1	10.5	36.8	10.5	39.4
11.0	30.3	11.0	33.0	11.0	35.8	11.0	38.5	11.0	41.3
11.5	31.6	11.5	34.5	11.5	37.4	11.5	40.3	11.5	43.1
12.0	33.0	12.0	36.0	12.0	39.0	12.0	42.0	12.0	45.0
12.5	34.4	12.5	37.5	12.5	40.6	12.5	43.8	12.5	46.9
13.0	35.8	13.0	39.0	13.0	42.3	13.0	45.5	13.0	48.8

Board foot calculations

12/4 material

11 FEET LONG		12 FEET LONG		13 FEET LONG		14 FEET LONG		15 FEET LONG	
wdth "	BF	wdth "	BF	wdth "	BF	wdth "	BF	wdth "	BF
13.5	37.1	13.5	40.5	13.5	43.9	13.5	47.3	13.5	50.6
14.0	38.5	14.0	42.0	14.0	45.5	14.0	49.0	14.0	52.5
14.5	39.9	14.5	43.5	14.5	47.1	14.5	50.8	14.5	54.4
15.0	41.3	15.0	45.0	15.0	48.8	15.0	52.5	15.0	56.3
15.5	42.6	15.5	46.5	15.5	50.4	15.5	54.3	15.5	58.1
16.0	44.0	16.0	48.0	16.0	52.0	16.0	56.0	16.0	60.0
16.5	45.4	16.5	49.5	16.5	53.6	16.5	57.8	16.5	61.9
17.0	46.8	17.0	51.0	17.0	55.3	17.0	59.5	17.0	63.8
17.5	48.1	17.5	52.5	17.5	56.9	17.5	61.3	17.5	65.6
18.0	49.5	18.0	54.0	18.0	58.5	18.0	63.0	18.0	67.5
18.5	50.9	18.5	55.5	18.5	60.1	18.5	64.8	18.5	69.4
19.0	52.3	19.0	57.0	19.0	61.8	19.0	66.5	19.0	71.3
19.5	53.6	19.5	58.5	19.5	63.4	19.5	68.3	19.5	73.1
20.0	55.0	20.0	60.0	20.0	65.0	20.0	70.0	20.0	75.0
20.5	56.4	20.5	61.5	20.5	66.6	20.5	71.8	20.5	76.9
21.0	57.8	21.0	63.0	21.0	68.3	21.0	73.5	21.0	78.8
21.5	59.1	21.5	64.5	21.5	69.9	21.5	75.3	21.5	80.6
22.0	60.5	22.0	66.0	22.0	71.5	22.0	77.0	22.0	82.5
22.5	61.9	22.5	67.5	22.5	73.1	22.5	78.8	22.5	84.4
23.0	63.3	23.0	69.0	23.0	74.8	23.0	80.5	23.0	86.3
23.5	64.6	23.5	70.5	23.5	76.4	23.5	82.3	23.5	88.1
24.0	66.0	24.0	72.0	24.0	78.0	24.0	84.0	24.0	90.0
24.5	67.4	24.5	73.5	24.5	79.6	24.5	85.8	24.5	91.9
25.0	68.8	25.0	75.0	25.0	81.3	25.0	87.5	25.0	93.8
25.5	70.1	25.5	76.5	25.5	82.9	25.5	89.3	25.5	95.6

Board foot calculations

12/4 material

16 FEET LONG		17 FEET LONG		18 FEET LONG		19 FEET LONG		20 FEET LONG	
wdth "	BF	wdth "	BF	wdth "	BF	wdth "	BF	wdth "	BF
1.0	4.0	1.0	4.3	1.0	4.5	1.0	4.8	1.0	5.0
1.5	6.0	1.5	6.4	1.5	6.8	1.5	7.1	1.5	7.5
2.0	8.0	2.0	8.5	2.0	9.0	2.0	9.5	2.0	10.0
2.5	10.0	2.5	10.6	2.5	11.3	2.5	11.9	2.5	12.5
3.0	12.0	3.0	12.8	3.0	13.5	3.0	14.3	3.0	15.0
3.5	14.0	3.5	14.9	3.5	15.8	3.5	16.6	3.5	17.5
4.0	16.0	4.0	17.0	4.0	18.0	4.0	19.0	4.0	20.0
4.5	18.0	4.5	19.1	4.5	20.3	4.5	21.4	4.5	22.5
5.0	20.0	5.0	21.3	5.0	22.5	5.0	23.8	5.0	25.0
5.5	22.0	5.5	23.4	5.5	24.8	5.5	26.1	5.5	27.5
6.0	24.0	6.0	25.5	6.0	27.0	6.0	28.5	6.0	30.0
6.5	26.0	6.5	27.6	6.5	29.3	6.5	30.9	6.5	32.5
7.0	28.0	7.0	29.8	7.0	31.5	7.0	33.3	7.0	35.0
7.5	30.0	7.5	31.9	7.5	33.8	7.5	35.6	7.5	37.5
8.0	32.0	8.0	34.0	8.0	36.0	8.0	38.0	8.0	40.0
8.5	34.0	8.5	36.1	8.5	38.3	8.5	40.4	8.5	42.5
9.0	36.0	9.0	38.3	9.0	40.5	9.0	42.8	9.0	45.0
9.5	38.0	9.5	40.4	9.5	42.8	9.5	45.1	9.5	47.5
10.0	40.0	10.0	42.5	10.0	45.0	10.0	47.5	10.0	50.0
10.5	42.0	10.5	44.6	10.5	47.3	10.5	49.9	10.5	52.5
11.0	44.0	11.0	46.8	11.0	49.5	11.0	52.3	11.0	55.0
11.5	46.0	11.5	48.9	11.5	51.8	11.5	54.6	11.5	57.5
12.0	48.0	12.0	51.0	12.0	54.0	12.0	57.0	12.0	60.0
12.5	50.0	12.5	53.1	12.5	56.3	12.5	59.4	12.5	62.5
13.0	52.0	13.0	55.3	13.0	58.5	13.0	61.8	13.0	65.0

Board foot calculations

12/4 material

16 FEET LONG		17 FEET LONG		18 FEET LONG		19 FEET LONG		20 FEET LONG	
wdth "	BF	wdth "	BF	wdth "	BF	wdth "	BF	wdth "	BF
13.5	54.0	13.5	57.4	13.5	60.8	13.5	64.1	13.5	67.5
14.0	56.0	14.0	59.5	14.0	63.0	14.0	66.5	14.0	70.0
14.5	58.0	14.5	61.6	14.5	65.3	14.5	68.9	14.5	72.5
15.0	60.0	15.0	63.8	15.0	67.5	15.0	71.3	15.0	75.0
15.5	62.0	15.5	65.9	15.5	69.8	15.5	73.6	15.5	77.5
16.0	64.0	16.0	68.0	16.0	72.0	16.0	76.0	16.0	80.0
16.5	66.0	16.5	70.1	16.5	74.3	16.5	78.4	16.5	82.5
17.0	68.0	17.0	72.3	17.0	76.5	17.0	80.8	17.0	85.0
17.5	70.0	17.5	74.4	17.5	78.8	17.5	83.1	17.5	87.5
18.0	72.0	18.0	76.5	18.0	81.0	18.0	85.5	18.0	90.0
18.5	74.0	18.5	78.6	18.5	83.3	18.5	87.9	18.5	92.5
19.0	76.0	19.0	80.8	19.0	85.5	19.0	90.3	19.0	95.0
19.5	78.0	19.5	82.9	19.5	87.8	19.5	92.6	19.5	97.5
20.0	80.0	20.0	85.0	20.0	90.0	20.0	95.0	20.0	100.0
20.5	82.0	20.5	87.1	20.5	92.3	20.5	97.4	20.5	102.5
21.0	84.0	21.0	89.3	21.0	94.5	21.0	99.8	21.0	105.0
21.5	86.0	21.5	91.4	21.5	96.8	21.5	102.1	21.5	107.5
22.0	88.0	22.0	93.5	22.0	99.0	22.0	104.5	22.0	110.0
22.5	90.0	22.5	95.6	22.5	101.3	22.5	106.9	22.5	112.5
23.0	92.0	23.0	97.8	23.0	103.5	23.0	109.3	23.0	115.0
23.5	94.0	23.5	99.9	23.5	105.8	23.5	111.6	23.5	117.5
24.0	96.0	24.0	102.0	24.0	108.0	24.0	114.0	24.0	120.0
24.5	98.0	24.5	104.1	24.5	110.3	24.5	116.4	24.5	122.5
25.0	100.0	25.0	106.3	25.0	112.5	25.0	118.8	25.0	125.0
25.5	102.0	25.5	108.4	25.5	114.8	25.5	121.1	25.5	127.5

Board foot calculations

16/4 material

1 FOOT LONG		2 FEET LONG		3 FEET LONG		4 FEET LONG		5 FEET LONG	
wdth "	BF	wdth "	BF	wdth "	BF	wdth "	BF	wdth "	BF
1.0	0.3	1.0	0.7	1.0	1.0	1.0	1.3	1.0	1.7
1.5	0.5	1.5	1.0	1.5	1.5	1.5	2.0	1.5	2.5
2.0	0.7	2.0	1.3	2.0	2.0	2.0	2.7	2.0	3.3
2.5	0.8	2.5	1.7	2.5	2.5	2.5	3.3	2.5	4.2
3.0	1.0	3.0	2.0	3.0	3.0	3.0	4.0	3.0	5.0
3.5	1.2	3.5	2.3	3.5	3.5	3.5	4.7	3.5	5.8
4.0	1.3	4.0	2.7	4.0	4.0	4.0	5.3	4.0	6.7
4.5	1.5	4.5	3.0	4.5	4.5	4.5	6.0	4.5	7.5
5.0	1.7	5.0	3.3	5.0	5.0	5.0	6.7	5.0	8.3
5.5	1.8	5.5	3.7	5.5	5.5	5.5	7.3	5.5	9.2
6.0	2.0	6.0	4.0	6.0	6.0	6.0	8.0	6.0	10.0
6.5	2.2	6.5	4.3	6.5	6.5	6.5	8.7	6.5	10.8
7.0	2.3	7.0	4.7	7.0	7.0	7.0	9.3	7.0	11.7
7.5	2.5	7.5	5.0	7.5	7.5	7.5	10.0	7.5	12.5
8.0	2.7	8.0	5.3	8.0	8.0	8.0	10.7	8.0	13.3
8.5	2.8	8.5	5.7	8.5	8.5	8.5	11.3	8.5	14.2
9.0	3.0	9.0	6.0	9.0	9.0	9.0	12.0	9.0	15.0
9.5	3.2	9.5	6.3	9.5	9.5	9.5	12.7	9.5	15.8
10.0	3.3	10.0	6.7	10.0	10.0	10.0	13.3	10.0	16.7
10.5	3.5	10.5	7.0	10.5	10.5	10.5	14.0	10.5	17.5
11.0	3.7	11.0	7.3	11.0	11.0	11.0	14.7	11.0	18.3
11.5	3.8	11.5	7.7	11.5	11.5	11.5	15.3	11.5	19.2
12.0	4.0	12.0	8.0	12.0	12.0	12.0	16.0	12.0	20.0
12.5	4.2	12.5	8.3	12.5	12.5	12.5	16.7	12.5	20.8
13.0	4.3	13.0	8.7	13.0	13.0	13.0	17.3	13.0	21.7

Board foot calculations

16/4 material

1 FOOT LONG		2 FEET LONG		3 FEET LONG		4 FEET LONG		5 FEET LONG	
wdth "	BF	wdth "	BF	wdth "	BF	wdth "	BF	wdth "	BF
13.5	4.5	13.5	9.0	13.5	13.5	13.5	18.0	13.5	22.5
14.0	4.7	14.0	9.3	14.0	14.0	14.0	18.7	14.0	23.3
14.5	4.8	14.5	9.7	14.5	14.5	14.5	19.3	14.5	24.2
15.0	5.0	15.0	10.0	15.0	15.0	15.0	20.0	15.0	25.0
15.5	5.2	15.5	10.3	15.5	15.5	15.5	20.7	15.5	25.8
16.0	5.3	16.0	10.7	16.0	16.0	16.0	21.3	16.0	26.7
16.5	5.5	16.5	11.0	16.5	16.5	16.5	22.0	16.5	27.5
17.0	5.7	17.0	11.3	17.0	17.0	17.0	22.7	17.0	28.3
17.5	5.8	17.5	11.7	17.5	17.5	17.5	23.3	17.5	29.2
18.0	6.0	18.0	12.0	18.0	18.0	18.0	24.0	18.0	30.0
18.5	6.2	18.5	12.3	18.5	18.5	18.5	24.7	18.5	30.8
19.0	6.3	19.0	12.7	19.0	19.0	19.0	25.3	19.0	31.7
19.5	6.5	19.5	13.0	19.5	19.5	19.5	26.0	19.5	32.5
20.0	6.7	20.0	13.3	20.0	20.0	20.0	26.7	20.0	33.3
20.5	6.8	20.5	13.7	20.5	20.5	20.5	27.3	20.5	34.2
21.0	7.0	21.0	14.0	21.0	21.0	21.0	28.0	21.0	35.0
21.5	7.2	21.5	14.3	21.5	21.5	21.5	28.7	21.5	35.8
22.0	7.3	22.0	14.7	22.0	22.0	22.0	29.3	22.0	36.7
22.5	7.5	22.5	15.0	22.5	22.5	22.5	30.0	22.5	37.5
23.0	7.7	23.0	15.3	23.0	23.0	23.0	30.7	23.0	38.3
23.5	7.8	23.5	15.7	23.5	23.5	23.5	31.3	23.5	39.2
24.0	8.0	24.0	16.0	24.0	24.0	24.0	32.0	24.0	40.0
24.5	8.2	24.5	16.3	24.5	24.5	24.5	32.7	24.5	40.8
25.0	8.3	25.0	16.7	25.0	25.0	25.0	33.3	25.0	41.7
25.5	8.5	25.5	17.0	25.5	25.5	25.5	34.0	25.5	42.5

Board foot calculations

16/4 material

6 FEET LONG		7 FEET LONG		8 FEET LONG		9 FEET LONG		10 FEET LONG	
wdth "	BF	wdth "	BF	wdth "	BF	wdth "	BF	wdth "	BF
1.0	2.0	1.0	2.3	1.0	2.7	1.0	3.0	1.0	3.3
1.5	3.0	1.5	3.5	1.5	4.0	1.5	4.5	1.5	5.0
2.0	4.0	2.0	4.7	2.0	5.3	2.0	6.0	2.0	6.7
2.5	5.0	2.5	5.8	2.5	6.7	2.5	7.5	2.5	8.3
3.0	6.0	3.0	7.0	3.0	8.0	3.0	9.0	3.0	10.0
3.5	7.0	3.5	8.2	3.5	9.3	3.5	10.5	3.5	11.7
4.0	8.0	4.0	9.3	4.0	10.7	4.0	12.0	4.0	13.3
4.5	9.0	4.5	10.5	4.5	12.0	4.5	13.5	4.5	15.0
5.0	10.0	5.0	11.7	5.0	13.3	5.0	15.0	5.0	16.7
5.5	11.0	5.5	12.8	5.5	14.7	5.5	16.5	5.5	18.3
6.0	12.0	6.0	14.0	6.0	16.0	6.0	18.0	6.0	20.0
6.5	13.0	6.5	15.2	6.5	17.3	6.5	19.5	6.5	21.7
7.0	14.0	7.0	16.3	7.0	18.7	7.0	21.0	7.0	23.3
7.5	15.0	7.5	17.5	7.5	20.0	7.5	22.5	7.5	25.0
8.0	16.0	8.0	18.7	8.0	21.3	8.0	24.0	8.0	26.7
8.5	17.0	8.5	19.8	8.5	22.7	8.5	25.5	8.5	28.3
9.0	18.0	9.0	21.0	9.0	24.0	9.0	27.0	9.0	30.0
9.5	19.0	9.5	22.2	9.5	25.3	9.5	28.5	9.5	31.7
10.0	20.0	10.0	23.3	10.0	26.7	10.0	30.0	10.0	33.3
10.5	21.0	10.5	24.5	10.5	28.0	10.5	31.5	10.5	35.0
11.0	22.0	11.0	25.7	11.0	29.3	11.0	33.0	11.0	36.7
11.5	23.0	11.5	26.8	11.5	30.7	11.5	34.5	11.5	38.3
12.0	24.0	12.0	28.0	12.0	32.0	12.0	36.0	12.0	40.0
12.5	25.0	12.5	29.2	12.5	33.3	12.5	37.5	12.5	41.7
13.0	26.0	13.0	30.3	13.0	34.7	13.0	39.0	13.0	43.3

Board foot calculations

16/4 material

6 FEET LONG		7 FEET LONG		8 FEET LONG		9 FEET LONG		10 FEET LONG	
wdth "	BF	wdth "	BF	wdth "	BF	wdth "	BF	wdth "	BF
13.5	27.0	13.5	31.5	13.5	36.0	13.5	40.5	13.5	45.0
14.0	28.0	14.0	32.7	14.0	37.3	14.0	42.0	14.0	46.7
14.5	29.0	14.5	33.8	14.5	38.7	14.5	43.5	14.5	48.3
15.0	30.0	15.0	35.0	15.0	40.0	15.0	45.0	15.0	50.0
15.5	31.0	15.5	36.2	15.5	41.3	15.5	46.5	15.5	51.7
16.0	32.0	16.0	37.3	16.0	42.7	16.0	48.0	16.0	53.3
16.5	33.0	16.5	38.5	16.5	44.0	16.5	49.5	16.5	55.0
17.0	34.0	17.0	39.7	17.0	45.3	17.0	51.0	17.0	56.7
17.5	35.0	17.5	40.8	17.5	46.7	17.5	52.5	17.5	58.3
18.0	36.0	18.0	42.0	18.0	48.0	18.0	54.0	18.0	60.0
18.5	37.0	18.5	43.2	18.5	49.3	18.5	55.5	18.5	61.7
19.0	38.0	19.0	44.3	19.0	50.7	19.0	57.0	19.0	63.3
19.5	39.0	19.5	45.5	19.5	52.0	19.5	58.5	19.5	65.0
20.0	40.0	20.0	46.7	20.0	53.3	20.0	60.0	20.0	66.7
20.5	41.0	20.5	47.8	20.5	54.7	20.5	61.5	20.5	68.3
21.0	42.0	21.0	49.0	21.0	56.0	21.0	63.0	21.0	70.0
21.5	43.0	21.5	50.2	21.5	57.3	21.5	64.5	21.5	71.7
22.0	44.0	22.0	51.3	22.0	58.7	22.0	66.0	22.0	73.3
22.5	45.0	22.5	52.5	22.5	60.0	22.5	67.5	22.5	75.0
23.0	46.0	23.0	53.7	23.0	61.3	23.0	69.0	23.0	76.7
23.5	47.0	23.5	54.8	23.5	62.7	23.5	70.5	23.5	78.3
24.0	48.0	24.0	56.0	24.0	64.0	24.0	72.0	24.0	80.0
24.5	49.0	24.5	57.2	24.5	65.3	24.5	73.5	24.5	81.7
25.0	50.0	25.0	58.3	25.0	66.7	25.0	75.0	25.0	83.3
25.5	51.0	25.5	59.5	25.5	68.0	25.5	76.5	25.5	85.0

Board foot calculations

16/4 material

11 FEET LONG		12 FEET LONG		13 FEET LONG		14 FEET LONG		15 FEET LONG	
wdth "	BF	wdth "	BF	wdth "	BF	wdth "	BF	wdth "	BF
1.0	3.7	1.0	4.0	1.0	4.3	1.0	4.7	1.0	5.0
1.5	5.5	1.5	6.0	1.5	6.5	1.5	7.0	1.5	7.5
2.0	7.3	2.0	8.0	2.0	8.7	2.0	9.3	2.0	10.0
2.5	9.2	2.5	10.0	2.5	10.8	2.5	11.7	2.5	12.5
3.0	11.0	3.0	12.0	3.0	13.0	3.0	14.0	3.0	15.0
3.5	12.8	3.5	14.0	3.5	15.2	3.5	16.3	3.5	17.5
4.0	14.7	4.0	16.0	4.0	17.3	4.0	18.7	4.0	20.0
4.5	16.5	4.5	18.0	4.5	19.5	4.5	21.0	4.5	22.5
5.0	18.3	5.0	20.0	5.0	21.7	5.0	23.3	5.0	25.0
5.5	20.2	5.5	22.0	5.5	23.8	5.5	25.7	5.5	27.5
6.0	22.0	6.0	24.0	6.0	26.0	6.0	28.0	6.0	30.0
6.5	23.8	6.5	26.0	6.5	28.2	6.5	30.3	6.5	32.5
7.0	25.7	7.0	28.0	7.0	30.3	7.0	32.7	7.0	35.0
7.5	27.5	7.5	30.0	7.5	32.5	7.5	35.0	7.5	37.5
8.0	29.3	8.0	32.0	8.0	34.7	8.0	37.3	8.0	40.0
8.5	31.2	8.5	34.0	8.5	36.8	8.5	39.7	8.5	42.5
9.0	33.0	9.0	36.0	9.0	39.0	9.0	42.0	9.0	45.0
9.5	34.8	9.5	38.0	9.5	41.2	9.5	44.3	9.5	47.5
10.0	36.7	10.0	40.0	10.0	43.3	10.0	46.7	10.0	50.0
10.5	38.5	10.5	42.0	10.5	45.5	10.5	49.0	10.5	52.5
11.0	40.3	11.0	44.0	11.0	47.7	11.0	51.3	11.0	55.0
11.5	42.2	11.5	46.0	11.5	49.8	11.5	53.7	11.5	57.5
12.0	44.0	12.0	48.0	12.0	52.0	12.0	56.0	12.0	60.0
12.5	45.8	12.5	50.0	12.5	54.2	12.5	58.3	12.5	62.5
13.0	47.7	13.0	52.0	13.0	56.3	13.0	60.7	13.0	65.0

Board foot calculations

16/4 material

11 FEET LONG		12 FEET LONG		13 FEET LONG		14 FEET LONG		15 FEET LONG	
wdth "	BF	wdth "	BF	wdth "	BF	wdth "	BF	wdth "	BF
13.5	49.5	13.5	54.0	13.5	58.5	13.5	63.0	13.5	67.5
14.0	51.3	14.0	56.0	14.0	60.7	14.0	65.3	14.0	70.0
14.5	53.2	14.5	58.0	14.5	62.8	14.5	67.7	14.5	72.5
15.0	55.0	15.0	60.0	15.0	65.0	15.0	70.0	15.0	75.0
15.5	56.8	15.5	62.0	15.5	67.2	15.5	72.3	15.5	77.5
16.0	58.7	16.0	64.0	16.0	69.3	16.0	74.7	16.0	80.0
16.5	60.5	16.5	66.0	16.5	71.5	16.5	77.0	16.5	82.5
17.0	62.3	17.0	68.0	17.0	73.7	17.0	79.3	17.0	85.0
17.5	64.2	17.5	70.0	17.5	75.8	17.5	81.7	17.5	87.5
18.0	66.0	18.0	72.0	18.0	78.0	18.0	84.0	18.0	90.0
18.5	67.8	18.5	74.0	18.5	80.2	18.5	86.3	18.5	92.5
19.0	69.7	19.0	76.0	19.0	82.3	19.0	88.7	19.0	95.0
19.5	71.5	19.5	78.0	19.5	84.5	19.5	91.0	19.5	97.5
20.0	73.3	20.0	80.0	20.0	86.7	20.0	93.3	20.0	100.0
20.5	75.2	20.5	82.0	20.5	88.8	20.5	95.7	20.5	102.5
21.0	77.0	21.0	84.0	21.0	91.0	21.0	98.0	21.0	105.0
21.5	78.8	21.5	86.0	21.5	93.2	21.5	100.3	21.5	107.5
22.0	80.7	22.0	88.0	22.0	95.3	22.0	102.7	22.0	110.0
22.5	82.5	22.5	90.0	22.5	97.5	22.5	105.0	22.5	112.5
23.0	84.3	23.0	92.0	23.0	99.7	23.0	107.3	23.0	115.0
23.5	86.2	23.5	94.0	23.5	101.8	23.5	109.7	23.5	117.5
24.0	88.0	24.0	96.0	24.0	104.0	24.0	112.0	24.0	120.0
24.5	89.8	24.5	98.0	24.5	106.2	24.5	114.3	24.5	122.5
25.0	91.7	25.0	100.0	25.0	108.3	25.0	116.7	25.0	125.0
25.5	93.5	25.5	102.0	25.5	110.5	25.5	119.0	25.5	127.5

Board foot calculations

16/4 material

16 FEET LONG		17 FEET LONG		18 FEET LONG		19 FEET LONG		20 FEET LONG	
wdth "	BF	wdth "	BF	wdth "	BF	wdth "	BF	wdth "	BF
1.0	5.3	1.0	5.7	1.0	6.0	1.0	6.3	1.0	6.7
1.5	8.0	1.5	8.5	1.5	9.0	1.5	9.5	1.5	10.0
2.0	10.7	2.0	11.3	2.0	12.0	2.0	12.7	2.0	13.3
2.5	13.3	2.5	14.2	2.5	15.0	2.5	15.8	2.5	16.7
3.0	16.0	3.0	17.0	3.0	18.0	3.0	19.0	3.0	20.0
3.5	18.7	3.5	19.8	3.5	21.0	3.5	22.2	3.5	23.3
4.0	21.3	4.0	22.7	4.0	24.0	4.0	25.3	4.0	26.7
4.5	24.0	4.5	25.5	4.5	27.0	4.5	28.5	4.5	30.0
5.0	26.7	5.0	28.3	5.0	30.0	5.0	31.7	5.0	33.3
5.5	29.3	5.5	31.2	5.5	33.0	5.5	34.8	5.5	36.7
6.0	32.0	6.0	34.0	6.0	36.0	6.0	38.0	6.0	40.0
6.5	34.7	6.5	36.8	6.5	39.0	6.5	41.2	6.5	43.3
7.0	37.3	7.0	39.7	7.0	42.0	7.0	44.3	7.0	46.7
7.5	40.0	7.5	42.5	7.5	45.0	7.5	47.5	7.5	50.0
8.0	42.7	8.0	45.3	8.0	48.0	8.0	50.7	8.0	53.3
8.5	45.3	8.5	48.2	8.5	51.0	8.5	53.8	8.5	56.7
9.0	48.0	9.0	51.0	9.0	54.0	9.0	57.0	9.0	60.0
9.5	50.7	9.5	53.8	9.5	57.0	9.5	60.2	9.5	63.3
10.0	53.3	10.0	56.7	10.0	60.0	10.0	63.3	10.0	66.7
10.5	56.0	10.5	59.5	10.5	63.0	10.5	66.5	10.5	70.0
11.0	58.7	11.0	62.3	11.0	66.0	11.0	69.7	11.0	73.3
11.5	61.3	11.5	65.2	11.5	69.0	11.5	72.8	11.5	76.7
12.0	64.0	12.0	68.0	12.0	72.0	12.0	76.0	12.0	80.0
12.5	66.7	12.5	70.8	12.5	75.0	12.5	79.2	12.5	83.3
13.0	69.3	13.0	73.7	13.0	78.0	13.0	82.3	13.0	86.7

Board foot calculations

16/4 material

16 FEET LONG		17 FEET LONG		18 FEET LONG		19 FEET LONG		20 FEET LONG	
wdth "	BF	wdth "	BF	wdth "	BF	wdth "	BF	wdth "	BF
13.5	72.0	13.5	76.5	13.5	81.0	13.5	85.5	13.5	90.0
14.0	74.7	14.0	79.3	14.0	84.0	14.0	88.7	14.0	93.3
14.5	77.3	14.5	82.2	14.5	87.0	14.5	91.8	14.5	96.7
15.0	80.0	15.0	85.0	15.0	90.0	15.0	95.0	15.0	100.0
15.5	82.7	15.5	87.8	15.5	93.0	15.5	98.2	15.5	103.3
16.0	85.3	16.0	90.7	16.0	96.0	16.0	101.3	16.0	106.7
16.5	88.0	16.5	93.5	16.5	99.0	16.5	104.5	16.5	110.0
17.0	90.7	17.0	96.3	17.0	102.0	17.0	107.7	17.0	113.3
17.5	93.3	17.5	99.2	17.5	105.0	17.5	110.8	17.5	116.7
18.0	96.0	18.0	102.0	18.0	108.0	18.0	114.0	18.0	120.0
18.5	98.7	18.5	104.8	18.5	111.0	18.5	117.2	18.5	123.3
19.0	101.3	19.0	107.7	19.0	114.0	19.0	120.3	19.0	126.7
19.5	104.0	19.5	110.5	19.5	117.0	19.5	123.5	19.5	130.0
20.0	106.7	20.0	113.3	20.0	120.0	20.0	126.7	20.0	133.3
20.5	109.3	20.5	116.2	20.5	123.0	20.5	129.8	20.5	136.7
21.0	112.0	21.0	119.0	21.0	126.0	21.0	133.0	21.0	140.0
21.5	114.7	21.5	121.8	21.5	129.0	21.5	136.2	21.5	143.3
22.0	117.3	22.0	124.7	22.0	132.0	22.0	139.3	22.0	146.7
22.5	120.0	22.5	127.5	22.5	135.0	22.5	142.5	22.5	150.0
23.0	122.7	23.0	130.3	23.0	138.0	23.0	145.7	23.0	153.3
23.5	125.3	23.5	133.2	23.5	141.0	23.5	148.8	23.5	156.7
24.0	128.0	24.0	136.0	24.0	144.0	24.0	152.0	24.0	160.0
24.5	130.7	24.5	138.8	24.5	147.0	24.5	155.2	24.5	163.3
25.0	133.3	25.0	141.7	25.0	150.0	25.0	158.3	25.0	166.7
25.5	136.0	25.5	144.5	25.5	153.0	25.5	161.5	25.5	170.0

0-595-28955-X

Printed in the United States
22311LVS00002B/79-96